Santosh Wankhede
Sayali Mali

Avanços na criação de abelhas sem ferrão

Santosh Wankhede
Sayali Mali

Avanços na criação de abelhas sem ferrão

ScienciaScripts

Imprint

Cover image: www.ingimage.com

This book is a translation from the original published under ISBN 978-620-0-30278-6.

Publisher:
Sciencia Scripts
is a trademark of
Dodo Books Indian Ocean Ltd. and OmniScriptum S.R.L publishing group

120 High Road, East Finchley, London, N2 9ED, United Kingdom
Str. Armeneasca 28/1, office 1, Chisinau MD-2012, Republic of Moldova, Europe
Printed at: see last page
ISBN: 978-620-7-72451-2

Conteúdo

CAPÍTULO I

INTRODUÇÃO

1.1 Informação de base:

Na Índia, 70% das pessoas dedicam-se à agricultura para a sua subsistência, pelo que a agricultura é a espinha dorsal da economia indiana. Os agricultores dão mais preferência às culturas arvenses e à horticultura do que aos sectores conexos, como a avicultura, a pesca, a sericultura, os lacticínios, a apicultura, etc. A apicultura é um sector que tem grandes possibilidades de obter rendimentos, mas tem permanecido na obscuridade (Sommeijer, 1999). A apicultura é a criação de abelhas para a produção de mel e como polinizador em várias culturas. Há sempre o receio de que as abelhas sejam atacadas durante a sua criação, apesar de produzirem um mel delicioso. Mas, felizmente, existem "abelhas sem ferrão" que não picam. São as abelhas mais pequenas que produzem mel. Como são insectos altamente sociais, vivem em colónias permanentes, aninhando-se em paredes velhas, fendas, troncos e outros locais escondidos (Michener, 1974). O nome de abelha sem ferrão foi-lhes dado devido ao facto de o ferrão destas abelhas ser geralmente reduzido. As Meliponinae não picam, mas a maior parte delas possui mecanismos de defesa eficazes. O comportamento de defesa consiste em perseguir os intrusos mordendo, enredando-se nos pêlos do intruso e entrando no nariz, nas orelhas e nos olhos, sendo estas respostas indubitavelmente influenciadas por feromonas de alarme (Wille, 1983).

As abelhas sem ferrão pertencem à ordem Hymenoptera, superfamília Apoidea, família Apidae e subfamília Meliponinae e Trigonini. Os Melipona incluem oito géneros, quinze subgéneros e mais de quinhentas espécies (Wille, 1983). *Trigona* e *Melipona* são os géneros mais importantes de abelhas sem ferrão. As abelhas sem ferrão são insectos eusociais como as abelhas Apis e têm um sistema organizado de castas e divisões (Roopa *et al.* 2015). São pequenas em tamanho e podem ser distinguidas de outras abelhas. Em geral, as abelhas sem ferrão distinguem-se facilmente das outras abelhas pelos três caracteres seguintes: 1. Redução e fraqueza da venação das asas. 2. Presença do penicillum, uma escova de cerdas longas e rígidas localizada anteriormente na margem apical externa da tíbia posterior. (Esta estrutura é exclusiva dos Meliponinae; está ausente ou é muito reduzida e mole, no entanto, no subgénero *Hypotrigona* e nos géneros parasitas *Lestrimelitta* e *Cleptotrigona*). 3. Redução do ferrão (Wille, 1983). Recolhem a resina das árvores dipterocarpáceas, daí serem também conhecidas por "dammer/ dammar bee". Em termos de benefícios para o homem e para a natureza, as abelhas sem ferrão realizam a atividade mais importante, que é a polinização da vegetação natural e também das culturas, especialmente das famílias Compositae, Cruciferae e Leguminosae. Produzem produtos como o mel, a cera, o própolis e a geleia real que nos trazem mais benefícios. A meliponicultura é o cultivo e a gestão das abelhas sem ferrão ou a apicultura com abelhas sem ferrão é chamada de Meliponicultura. É menos popular e concentrada em certas regiões, porque produzem apenas cerca de 200 a 500 g de mel por estação, de acordo com a força da colónia (Rahman *et al.* 2015). Comparativamente, pouca atenção tem sido dada a estas abelhas nos programas de desenvolvimento da apicultura. Atualmente, sabe-se que as abelhas sem ferrão são recursos importantes para a produção de um tipo especial de mel e de outros produtos (Sommeijer, 1999). Outros factos, como o seu mel, têm um valor nutracêutico, pelo que a meliponicultura está a ganhar atenção nos últimos dias.

A indisponibilidade de colónias para as pessoas interessadas é o maior constrangimento para a meliponicultura (Mythri, 2018). Na maioria das vezes, as colónias selvagens são vistas em cavidades, de onde não podem ser contratadas. Dividir as colónias existentes pode ser a melhor opção para aumentar o número de colónias. A meliponicultura está gradualmente a ganhar popularidade e não existem práticas padronizadas para gerir as colónias (Mythri, 2018). Mas devido à lenta taxa de crescimento das abelhas sem ferrão, não é muito possível produzir colónias em massa. No subcontinente africano, a apicultura é amplamente praticada. A abelha Apis é a única espécie que é gerida para a polinização das culturas. Devido à pressão crescente sobre o ambiente e à perda associada de abelhas melíferas, é necessário utilizar espécies polinizadoras adicionais na agricultura para melhorar o rendimento e manter a estabilidade da produção alimentar. As abelhas sem ferrão são fortes polinizadores alternativos para as nossas culturas. Para aumentar a segurança alimentar e melhorar os meios de subsistência, a polinização é essencial. As abelhas desempenham um papel importante na polinização das plantas com flor. Estima-se que cerca de 30% da alimentação humana provém de culturas polinizadas por abelhas (Kearns e Inouye, 1997).

A região de Konkan, em Maharashtra, tem uma grande área de cultivo de coco, manga, castanha de caju, culturas hortícolas como o quiabo, culturas de especiarias, etc. As abelhas são polinizadores essenciais para estas culturas. Em Maharashtra, foram registados cinco tipos de abelhas importantes. As abelhas Trigona têm uma natureza sem ferrão. Por conseguinte, são mais seguras de manusear do que as outras. As abelhas são importantes não só na produção de mel, mas também em práticas especializadas como a polinização de culturas. Para ter sucesso na apicultura, os apicultores devem aprender as competências de gestão que são necessárias. Estas competências incluem o desenvolvimento e a seleção de colónias fortes, capazes de fornecer a grande força de abelhas do campo que são necessárias para a polinização das culturas. As colónias devem ser examinadas a intervalos regulares a fim de manter as abelhas em condições adequadas para a polinização. Uma colmeia forte de abelhas por hectare pode polinizar adequadamente a maior parte das culturas.

Atualmente, a Índia é o maior produtor de quiabo, com mais de 60% da produção mundial. A Índia produz aproximadamente 6 milhões de toneladas de quiabo. O quiabo desempenha um papel importante na nutrição humana, fornecendo gorduras, proteínas, hidratos de carbono, minerais e vitaminas (Benchasri, 2012). Os frutos do quiabo contêm compostos antioxidantes que previnem respostas inflamatórias (Liu *et al.* 2021). A polinização do quiabo por insectos aumentou o número de sementes maduras e diminuiu a malformação dos frutos (Azoo *et al.* 2011). No quiabo, existe uma correlação positiva entre o número de sementes numa vagem e o seu peso, e a polinização por insectos aumenta o número de sementes presentes numa vagem (Angbanyere e Baidoo, 2014). Estudos anteriores mostraram que *Tetragonula iridipennis* e *Lithurgus atratus* aumentaram o tamanho da vagem, o número de sementes por vagem e a germinação de sementes no quiabo (Perera e Karunaratne, 2019). O tamanho e o peso da vagem, o número de sementes e a percentagem de frutificação do quiabeiro foram aumentados pela polinização de três espécies de abelhas sem ferrão *Heterotrigona itama*, *Tetragonula laeviceps* e *T. clypearis* (Kartika *et al.* 2022). São efectuadas várias pulverizações de pesticidas na cultura do quiabeiro contra diferentes pragas. Os pesticidas são utilizados principalmente para matar os insectos pragas, mas também podem prejudicar espécies não visadas, como os polinizadores (Velthuis e Van Doorn, 2006). Os pesticidas são muitas vezes considerados uma solução fácil, rápida e barata para a gestão de ervas daninhas e insectos-praga na agricultura e nas paisagens urbanas. A sua contaminação apresenta riscos consideráveis para o meio envolvente e para os organismos não visados (Pashte e Patil, 2017).

Os insecticidas são normalmente utilizados para matar insectos; no entanto, podem também matar organismos que não se destinam a ser mortos. Entre os organismos não intencionais, a abelha melífera é um importante inseto agroambiental, económico e científico (Srinivasan, 2011). Durante a atividade de polinização, as abelhas sem ferrão podem também ser expostas direta ou indiretamente a produtos insecticidas (Talebi *et al.* 2008; Mullin *et al.* 2010), diretamente através do contacto do corpo do inseto com moléculas químicas suspensas no ar e indiretamente através da ingestão de resíduos de pesticidas presentes no pólen, no néctar ou na água (Girolami *et al.* 2009; Johnson *et al.* 2010). Por conseguinte, a população de abelhas está a diminuir de dia para dia.

Na zona de Konkan, foram encontradas várias colónias de abelhas sem ferrão em postes eléctricos, canos de canalização, fendas em paredes, portas, janelas, árvores vivas e mortas e outros locais escondidos (Wankhede *et al.* 2022). Assim, é muito difícil capturar estas colónias do seu habitat natural. Se tentar capturá-las, a infraestrutura pode deteriorar-se. Assim, o presente trabalho de investigação foi proposto para descobrir uma técnica sustentável para a captura segura de colónias de abelhas sem ferrão dos seus ninhos naturais, tal como sugerido por Wankhede *et al.* (2022).

1.2 Importância do estudo

1.2.1 Importância económica:

As abelhas sem ferrão apresentam várias características, nomeadamente as seguintes

- A polilectismo e a versatilidade, que lhes permitem polinizar várias espécies de plantas, adaptando-se a novas espécies. As abelhas sem ferrão são visitantes florais generalistas. Os estudos melissopalinológicos fornecem a informação exacta sobre os recursos florais destas abelhas na vizinhança e são úteis para comparar as preferências da flora com outras abelhas domésticas (Punith, 2014; Pallavi, 2016).
- Consistência floral: Durante uma viagem, uma abelha operária normalmente só vê uma espécie de planta.
- As abelhas sem ferrão desempenham um papel ecológico importante como polinizadores de muitas espécies de plantas selvagens e parecem ser boas candidatas a futuras alternativas na polinização comercial. As abelhas sem ferrão são excelentes polinizadores tanto da flora de repouso/agrícola/horícola como das plantas cultivadas, e exibem uma grande constância floral, o que aumenta a importância ecológica destas abelhas para a conservação da biodiversidade e o aumento do rendimento através da polinização das culturas (Devanesan *et al.* 2022).
- Domesticação: Têm relutância em abandonar o seu ninho. As colónias podem ser colocadas em colmeias, monitorizadas, reproduzidas, nutridas, repovoadas, controladas por predadores, relocalizadas e geridas de várias formas.
- A potencialidade das abelhas sem ferrão para a polinização das culturas é reforçada pela transferência de colónias para as colmeias. As colmeias podem ser transferidas para onde a polinização é necessária. Assim, elas podem ser muito bem utilizadas para a polinização planeada. São polinizadores importantes e eficazes de muitas espécies de culturas (Heard, 1988). O seu pequeno tamanho permite-lhes ter acesso a muitos tipos de flores cujas aberturas são demasiado estreitas para permitir a penetração de outras abelhas e são visitantes comuns de plantas com flores nas regiões tropicais (Heard, 1999).
- A agricultura moderna exige a utilização de vários polinizadores específicos, por exemplo, nas culturas de estufa (Sommeijer, 1999).
- Uma vez que as abelhas sem ferrão são polinizadores indígenas muito importantes das

florestas neotropicais e de outras florestas tropicais, deveriam ser incluídas mais frequentemente nos programas de conservação e gestão dos recursos naturais (Sommeijer, 1999).

❖ O mel produzido pelas abelhas dammer é uma panaceia para muitas doenças humanas. Devido ao seu rico valor medicinal, o mel recolhido nesta colmeia é vendido a uma taxa de Rs.2000/Kg. Na criação artificial, verificou-se que uma única colónia produzia 600-700 gm/ano na colmeia de bambu. As tribos acreditam que o mel das abelhas sem ferrão cura muitas infecções e é um alimento de desmame para os bebés. (Kumar *et al.* 2012).

❖ O mel sem ferrão é um remédio caseiro para todas as tribos Naga e é utilizado em várias doenças, mas devido à falta de documentação adequada, ainda permanece na obscuridade (Singh, 2016).

❖ O mel de abelhas sem ferrão é utilizado há muitos séculos. O mel de abelhas sem ferrão é utilizado medicinalmente no tratamento de perturbações gastrointestinais, problemas oculares, úlceras e feridas e tosse. O mel tem um teor de humidade mais elevado (20-42%) do que o mel de *A. mellifera* (18-20%) e requer geralmente pasteurização ou refrigeração para evitar a fermentação. Além disso, o mel de abelhas sem ferrão tem actividades antioxidantes e antimicrobianas e é promissor para utilizações nutricionais e farmacêuticas (Punith, 2014; Pallavi, 2016).

❖ Vários investigadores também provaram que a própolis é um produto de cura altamente valorizado, que é relatado como tendo uma vasta gama de actividades terapêuticas e de promoção da saúde, tais como actividades antioxidantes, antimicrobianas, anti-inflamatórias, antivirais e de cicatrização de feridas sépticas (Adewumi e Ogunjinmi, 2011).

❖ Em todo o mundo, a própolis tem sido adicionada como agente bioativo natural a vários produtos cosméticos e curativos, incluindo pasta de dentes, elixir bucal, sabão, cremes anti-sépticos, pastilhas para a tosse e outros produtos (Kasote, 2017).

❖ Em África, o mel das abelhas sem ferrão é utilizado em rituais tradicionais, na medicina tradicional e para sustento (Raina *et al.* 2006).

❖ A meliponicultura cresceu em resposta à investigação científica que demonstrou os enormes benefícios do mel e da própolis, não só no sector médico, mas os produtos tornaram-se enraizados em muitas normas sócio-culturais de várias sociedades, servindo como alimento, medicamento, componente ritualístico e mercadoria comercial.

❖ No entanto, o interesse pela criação de abelhas sem ferrão está a aumentar porque a criação de abelhas sem ferrão é mais rentável.

1.2.2 Valores etnonutracêuticos dos produtos das colmeias sem ferrão

As tribos Naga acreditam que tem um elevado valor nutracêutico. O seu teste foi doce e azedo devido à sua natureza ácida. O mel de Meliponine contém pH (3,15-4,66), acidez livre (5,9-109,0meq/Kg), atividade de diastase (0,9-23,0DN) e condutividade eléctrica (0,49-8,77mS/cm). As tribos Naga utilizam o mel de abelha sem ferrão como etnomedicina para tratar queimaduras, feridas internas, infecções oculares, diarreia, úlcera, etc. Também consomem este mel antes ou quando vão trabalhar arduamente, pois acreditam que fornece energia sustentável. O mel aumenta significativamente a frequência cardíaca e o nível de glucose no sangue durante o desempenho físico. O mel é mais benéfico a este respeito, uma vez que liberta frutose lentamente na corrente sanguínea para produzir um aumento de energia sustentado e manter a homeostase. As tribos Naga colhiam apenas um número limitado de pólen, conforme as necessidades, para uso medicinal. O pólen é também um produto da colmeia rico em nutrientes e utilizado especialmente para fins medicinais (Singh, 2016).

A investigação e a documentação sobre meliponicultura nesta área são escassas. Tendo em conta os factos acima referidos, a presente investigação foi levada a cabo para descobrir técnicas de captura de colónias e para determinar os insecticidas seguros para as abelhas sem ferrão e consiste no trabalho de investigação "Captura de colónias e toxicidade de insecticidas em abelhas sem ferrão" com os seguintes objectivos

1.3 Objectivos do estudo

O presente estudo foi realizado com os seguintes objectivos

1. Capturar a colónia de abelhas sem ferrão nos seus ninhos naturais
2. Estudar a toxicidade dos insecticidas nas abelhas sem ferrão em condições laboratoriais
3. Estudar o impacto dos insecticidas nas abelhas sem ferrão em condições de campo

1.4 Hipótese

Espera-se que o estudo da captura de colónias de abelhas sem ferrão dos seus ninhos naturais nos ajude a alcançar uma arte adequada de criação de abelhas sem ferrão. O objetivo da captura de colónias pode ajudar a desenvolver um método moderno de apicultura, modificando a tecnologia existente. Os agricultores podem beneficiar da utilização de colónias capturadas nas explorações agrícolas para a polinização estratégica, o que ajuda a aumentar o rendimento adicional. As colónias devem estar seguras no campo, sem preocupações, porque as abelhas sem ferrão não podem morder um intruso. O tamanho reduzido das abelhas permite-lhes polinizar mesmo as flores mais pequenas. Uma intervenção científica e tecnológica adequada na apicultura tradicional ajudará a produzir uma grande quantidade de mel com valor medicinal e a população e os agricultores da região de Konkan poderão aumentar os seus rendimentos. A toxicidade objetiva do inseticida pode ajudar a recomendar aos agricultores insecticidas menos tóxicos contra as abelhas. O impacto objetivo do inseticida na abelha sem ferrão em condições de campo deve dar sugestões aos agricultores sobre a segurança do inseticida e o período seguro após a pulverização do inseticida, que não pode afetar a visitação das abelhas. Após a captura da colónia, o agricultor pode vender as colónias na fase de desenvolvimento adequada, o que pode ser benéfico e rentável para o agricultor comprador. As abelhas sem ferrão, por outro lado, produzem um mel nutritivo devido à inclusão de resinas vegetais, que contribuem com substrato orgânico e que se pensa terem qualidades antibacterianas para o mel armazenado. A presença de propriedades nutritivas e medicinais no mel das abelhas sem ferrão confere-lhe um preço de mercado elevado, cerca de 2 000 rupias/litro, três vezes superior ao do mel de outras abelhas *Apis*, o que se traduz num aumento do emprego entre os agricultores.

1.5 Âmbito de aplicação e limitações

1.5.1 Âmbito de aplicação

> O interesse e a consciencialização sobre a meliponicultura estão a aumentar nos últimos dias, levando à procura e ao âmbito da apicultura sem ferrão (Mounika *et al.* 2019). O trabalho sobre a abelha sem ferrão em Maharashtra não está muito evoluído, pelo que há uma grande margem para trabalhar nas técnicas de criação e gestão de abelhas sem ferrão.

> Um trabalho recente sobre a viabilidade de diferentes armadilhas para capturar colónias de abelhas sem ferrão no seu habitat natural, realizado por Wankhede *et al.* (2022), é muito mais útil para a realização dos objectivos acima referidos. Shaikh (2022) trabalhou sobre a biologia da abelha sem ferrão e o seu impacto na polinização do rabanete, *Raphanus sativus* (L.), o que é benéfico para a realização deste trabalho. Já foram comunicados impactos antropogénicos nas abelhas melíferas e nas abelhas sem ferrão (Danaraddi *et al.* 2009; Nayak *et al.* 2012).

> *T. iridipennis* (Smith) é a única espécie amplamente difundida na Índia. Não existe uma prática sistemática de criação de abelhas com *Tetragonula* na maior parte da Índia, uma vez que os conhecimentos sobre a utilização de colmeias adequadas para a criação de abelhas sem ferrão, as metodologias de multiplicação e a resistência das colónias em condições variadas são inadequados. Para a melhor utilização de *T. iridipennis* na produção de mel e na polinização, este conhecimento é absolutamente essencial (Punith, 2014).

> A domesticação e a gestão das abelhas sem ferrão ainda não são conhecidas na região do Konkan. Na região de Konkan, a precipitação média anual é superior a 2500 mm e tem continuado de junho a setembro com grande intensidade, o que constitui uma ameaça para a população de abelhas sem ferrão na região de Konkan. Por conseguinte, é necessário melhorar as técnicas de meliponicultura para a gestão das colmeias e a melhoria dos produtos da colmeia. O papel das abelhas nos serviços ecossistémicos está ainda por explorar.

> A apicultura sem ferrão pode proporcionar autoemprego a um grande segmento da população rural e florestal na produção e transformação de vários produtos apícolas e pode ajudar os agricultores e fruticultores a aumentar o rendimento das suas culturas através da polinização por abelhas. A criação de abelhas sem ferrão também oferece o potencial de geração de emprego para mulheres e jovens desempregados em áreas rurais com recursos escassos (Palial *et al.* 2019). O desenvolvimento da meliponicultura tradicional oferece novas oportunidades para as pessoas nas áreas rurais, em particular para as mulheres, e pode melhorar a economia de muitas famílias (Sommeijer, 1999).

> O sector da apicultura não necessita de qualquer tecnologia sofisticada, nem de grandes investimentos de capital ou de infra-estruturas. Existe um grande potencial para o desenvolvimento deste sector. O sector apícola tem um grande potencial de autoajuda para as populações rurais, os pequenos agricultores e os agricultores marginais, os trabalhadores sem terra, os trabalhadores florestais, etc. a) O mel tem um grande valor alimentar e proporciona um rendimento em dinheiro. b) A cera de abelha, que é duas vezes mais cara do que o mel, é muito procurada. c) Outros produtos, *nomeadamente o pólen recolhido pelas abelhas, o própolis, o veneno e a geleia real, são várias vezes mais caros do que o* mel, O pólen recolhido pelas abelhas, o própolis, o veneno e a geleia real são várias vezes mais caros do que o mel e a cera de abelha. d) Cerca de um milhão de pessoas na Índia e 50000 em Maharashtra podem obter emprego a tempo parcial sem terem de abandonar as suas casas e sem sacrificarem a sua ocupação principal. e) Prestação de serviços aos agricultores para aumentar a produtividade das culturas e a produção de mel. f) Transformação de produtos apícolas de valor acrescentado.

> A atividade antibiótica do mel de abelhas sem ferrão pode levar à utilização deste mel em produtos medicinais. É certo que o mel de abelhas sem ferrão, com o seu sabor delicado, se enquadra muito bem no atual desenvolvimento de nichos de mercado (exportação) para méis especiais.

Neste contexto, foi realizado um estudo pormenorizado para descobrir técnicas de captura de colónias e para determinar os insecticidas seguros para as abelhas sem ferrão.

1.5.2 Limitações

❖ A meliponicultura está gradualmente a ganhar popularidade e não existem práticas padronizadas para gerir as colónias (Mythri, 2018).

❖ As tecnologias de domesticação e de gestão das abelhas sem ferrão ainda não estão bem desenvolvidas.

❖ É difícil capturar as colónias que se encontram no seu habitat natural, como postes de iluminação pública, postes de ferro, fendas e fissuras de paredes. Se tentar capturá-las, as infra-estruturas podem deteriorar-se.

❖ Devido à biologia específica e à arquitetura fundamentalmente diferente dos ninhos, a tecnologia desenvolvida para a apicultura com *A. mellifera* e *A. cerana* não se aplica à criação de abelhas sem ferrão. Devido à especificação dos requisitos de nidificação, algumas espécies não podem ser domesticadas (Sommeijer, 1999).

❖ A indisponibilidade de colónias para as pessoas interessadas é o maior constrangimento para a meliponicultura (Mythri, 2018).

❖ É raro haver um grande número de colmeias e, devido à lenta taxa de crescimento das abelhas sem ferrão em comparação com as abelhas *Apis*, não é muito possível produzir colónias em massa.

❖ Em Konkan, a precipitação média anual é superior a 2500 mm e tem continuado de junho a setembro, com grande intensidade, o que pode provocar uma mortalidade elevada e dificuldades na atividade de forrageamento, o que constitui a principal ameaça para a criação de abelhas sem ferrão na região de Konkan.

❖ Alguns factores, como a luz solar direta, a humidade excessiva no interior dos recipientes e a utilização por outros animais, podem ter influenciado a taxa de sucesso da atração dos enxames para os ninhos-armadilha (Oliveira *et al.* 2012).

❖ A dificuldade de detetar a colónia, a fuga e a natureza de enxameação das abelhas são os constrangimentos ao desenvolvimento da apicultura.

❖ É um mau apanhador de mel, produzindo apenas 50 a 170 g de mel por colónia por ano e é difícil de extrair.

❖ A conservação e manutenção das colónias existentes é difícil e exige um acompanhamento frequente.

❖ Aranhas e formigas foram os competidores mais comuns para os locais de nidificação, ocupando 19% dos ninhos-armadilha de plástico e 5% dos ninhos-armadilha de papelão. Os ninhos-armadilha também foram ocasionalmente ocupados por uma vespa social (*Polybia occidentalis*, Hymenoptera, Vespidae) (Oliveira *et al.* 2012).

❖ A utilização extensiva de insecticidas nas culturas pelos agricultores teve maior impacto nas actividades de forrageamento e polinização das abelhas sem ferrão.

❖ Durante a atividade de polinização, as abelhas sem ferrão podem também ser expostas direta ou indiretamente aos produtos insecticidas (Talebi *et al.* 2008; Mullin *et al.* 2010), diretamente através do contacto do corpo do inseto com moléculas químicas suspensas no ar e indiretamente através da ingestão de resíduos de pesticidas presentes no pólen, no néctar ou na água (Girolami *et al.* 2009; Johnson *et al.* 2010).

❖ As colónias de abelhas sem ferrão estão sujeitas a muitos desafios, incluindo os seguintes: 1. Condições climatéricas extremas. 2. Pragas, doenças e ervas daninhas. 3. Incêndios florestais. 4. Pesticidas químicos. 5. Poluição causada pela queima de carvão vegetal. 6. Falta de forragem e de água.

CAPÍTULO II

REVISÃO DA LITERATURA

2.1. Capturar a colónia de abelhas sem ferrão nos seus ninhos naturais

Crane (1985) descreveu que a colmeia tradicional para a apicultura com abelhas sem ferrão, especialmente *Melipona beecheii* em Yacatau, era um tronco oco horizontal de uma árvore selecionada, fechado em cada extremidade com um disco de madeira.

Heard (1988) construiu caixas de criação de carbonária através da construção de uma estrutura de madeira sólida dividida em metades. A base de cada caixa media 28*21x15 cm^3. As caixas foram pintadas. Foi feito um orifício de entrada de 1,2 cm na metade inferior. As caixas maiores eram menos favoráveis ao estabelecimento e ao crescimento das colónias, pelo que a dimensão indicada se revelou ideal. A madeira de pinheiro Oregon (Douglas fire timber) com 25 a 30 mm de espessura foi recomendada por ser durável, leve e proporcionar um bom isolamento. Utilizou-se cera de abelha para selar as juntas da caixa.

Percy (1989) estudou as caixas de madeira de 10 x 12,5 x 10 cm^3 com um tampo de vidro coberto por uma tampa de madeira foram desenvolvidas pelo Centre Bee Research and Training Institute em Pune para a criação da abelha sem ferrão *T. iridipennis*.

Crane (1990) relatou que uma caixa simples de 1,2 x 0,27 x 0,27 m^3 com uma tampa amovível foi utilizada para a criação de *M. beecheii* em várias áreas da província de Guanacaste e Perez Zeledon.

Crane (1992) discutiu a relação centenária das abelhas sem ferrão com os seres humanos. Crane enumerou 14 espécies de abelhas sem ferrão do género Melipona e 21 do género Trigona, que foram domesticadas há muito tempo pelas diferentes civilizações americanas e africanas. Discutiu também a domesticação de espécies de abelhas sem ferrão, *Melipona beecheii*, em colmeias pelas civilizações indígenas maias, desde 300 a.C. até 1500 d.C., na península americana de Yucatan. Além disso, descreveu a biologia, a reprodução das colónias de abelhas sem ferrão e as perspectivas actuais da meliponicultura. Apresentou as colmeias racionais utilizadas para a domesticação de espécies de abelhas sem ferrão que depositam a sua ninhada na horizontal.

Quezada e Gonzalez (1994) estudaram as duas colmeias racionais, a colmeia Noguera-Neto (P) e a colmeia Instituto Nacional de Pesquisas da Amazônia (I) e as compararam com uma colmeia de troncos para a criação da espécie de abelha sem ferrão *Melipona beecheii*. As duas colmeias P e I tinham um volume de domicílio de 14,30 e 14,52 litros, respetivamente. Verificou-se que o maior tamanho das colmeias racionais afectava o desenvolvimento da criação nas duas colónias, em comparação com a colmeia de troncos com um volume de habitação de 10,06 litros. Dado que a maior parte das espécies de abelhas sem ferrão são deficientes na termorregulação das suas colónias, uma colmeia com um volume maior colocará um problema de termorregulação durante o inverno, o que pode resultar na perda total da colónia.

Roubik (1995) defendeu a proteção das colónias naturais na natureza e considerou a domesticação das abelhas sem ferrão a partir de troncos de árvores naturais para uma colmeia compacta de madeira como uma prática irracional. Ele declarou que a criação de abelhas sem ferrão num tronco de madeira, com madeira dura em ambas as extremidades, era a técnica mais bem sucedida para a criação destas abelhas. Mais adiante, na sua revisão, descreveu a construção de colmeias em madeira, plástico, metal ou esferovite, que também podem ser construídas com dois ou três compartimentos verticais separados para armazenamento de criação e mel.

Bruijin (1996) relatou que caixas grandes de 100 x 40 x 40 cm^3 foram usadas para alojar *M. trinitatis* em Trinidad e na Costa Rica, a abelha pequena, *Tetragonisca angustula, foi* mantida em caixas com capacidade média de três litros.

Dollin (1997) estudou a criação de *Trigona carbonaria* em colmeias compostas por duas caixas, uma interior e outra exterior. A caixa interior foi concebida com três compartimentos para conter um espaço de criação, um espaço de armazenamento de alimentos e um espaço de alimentação. O espaço de criação é divisível para a propagação da colónia. A caixa exterior, equipada com um sistema de aquecimento, mantém a colmeia a uma temperatura fixa.

Sommeijer (1999) utilizou a colmeia UTOB para a criação de abelhas sem ferrão na cidade de Tobago, na Universidade de Utrecht-tobago. A colmeia UTOB inclui dois compartimentos (câmara de criação e câmara de mel). Estes dois compartimentos repousavam sobre um tabuleiro de madeira com um rebordo de 2 cm de altura. A entrada das abelhas na colmeia situava-se no lado que estava afastado do ninho de criação. A abertura estava prevista na parede de ligação entre a câmara de criação e a câmara de mel. A abertura permite que a abelha passe livremente entre as câmaras. A construção da colmeia facilita a remoção e a substituição rápida e fácil da câmara de mel. Uma unidade separada na câmara de criação que era aberta para inspeção, mas quando a colónia se desenvolvia bem não necessitava de muita manipulação.

Heard e Dollin (2000), no seu estudo sobre uma indústria emergente de pequena escala de meliponicultura, descreveram um novo e bem sucedido modelo de colmeia Original Australian Trigona Hive (OATH) para criar diferentes espécies de abelhas sem ferrão nativas da Austrália. As dimensões destas colmeias rectangulares, com capacidade para sete litros, foram indicadas como 28*20x10 cm^3 . Esta colmeia é composta por duas metades iguais, que podem ser separadas ou divididas no momento da propagação das colónias. No resultado do inquérito, que abrangeu um total de 257 apicultores, detentores de 1429 colónias de abelhas sem ferrão pertencentes a mais de seis espécies, um total de 1162 (82%) das colónias mantidas por 50% dos apicultores foram criadas nas colmeias OATH.

Raakhee (2000) relatou que as colmeias de madeira de 3 x 14 x 15 cm^3 foram consideradas superiores à colmeia de bambu e ao pote de barro para a criação de *T. iridipennis.*

Dollin (2001) relatou o uso de bambu e caixa de madeira como método natural de duplicação de colmeias, como uma alternativa para a propagação de *T. carbonaria.*

Roopa (2002) estudou o desenvolvimento de colónias de *T. iridipennis* em caixas de madeira em que as abelhas sem ferrão foram criadas em colmeias de 7000 cm^3 e relatou que o peso médio da colónia diminuiu 29,74% de outubro a janeiro, enquanto que houve um aumento marginal de 5% de julho a setembro.

Kiatoko (2012) avaliou os níveis de probabilidade de sucesso de colmeias recém-concebidas, juntamente com duas colmeias convencionais, Original Australian Trigona Hive (colmeia OATH), Utrecht University Tobago Hive (UTOB) para a criação bem sucedida de cinco espécies de abelhas africanas sem ferrão, nomeadamente, *Hypotrigona gribodoi, Meliponula ferruginea* (preta), *Meliponula ferruginea* (castanha avermelhada), *Meliponula lendliana* e *Meliponula bocandei.* As diferentes espécies de abelhas sem ferrão preferem um padrão específico de colmeia, uma vez que *a H. gribodoi prefere uma* colmeia com um único compartimento (icipe 1H) e recusa as outras duas colmeias com compartimentos diferentes (icipe 2H e icipe 3H). A *M. ferruginea* (preta) mostrou uma aceitação semelhante a diferentes tipos de colmeias, uma vez que também construiu coletivamente as diferentes células de criação e de armazenamento de alimentos numa colmeia de câmara única (icipe 2M) e fez um ninho agrupado mesmo nas colmeias compartimentadas (icipe 6M e UTOB). A espécie de abelha sem ferrão *M. ferruginea* (castanha avermelhada) aceitou todos os oito tipos de colmeias diferentes e até manteve um compartimento de armazenamento e de criação separados nas respectivas colmeias. Já a espécie *M. lendliana rejeitou* claramente todas as colmeias de madeira e só aceitou as colmeias de barro ou de lama. A última espécie de abelha sem ferrão, *M. bocandei,* preferiu as colmeias de icipe 1M.

Kumar *et al.* (2012) descreveram a técnica tradicional de criação de abelhas sem ferrão utilizada pelas tribos Kani dos Ghats Ocidentais da Índia. Descobriram que a tribo Kani desenvolveu uma colmeia de bambu para a criação da abelha sem ferrão pertencente à espécie *Trigona iridipennis* Smith, que é muito eficaz na colheita de mel, uma vez que não danifica as células de criação no processo de colheita do mel.

Michael e Alejandra (2012) mostraram que as abelhas sem ferrão utilizam uma entrada mais longa para proteger a colmeia de intrusos. Com base neste facto, construiu a caixa das abelhas sem ferrão. A caixa de abelhas é constituída por uma câmara de criação, uma câmara de mel empilhável e uma tampa. As peças encaixam-se perfeitamente com cavilhas metálicas. Cria peças de madeira de tamanho e forma adequados colocadas em cada canto da câmara de criação. Cada câmara de mel tem paus finos que deslizam pelo topo e que servem de local para as abelhas fixarem os potes de mel. A câmara de criação tem pedaços de madeira em cada canto para dar o tamanho e a forma adequados. O orifício de entrada no interior era menor do que o orifício de entrada no exterior. Para proteção e criação de canais mais longos, é perfurado um canal interior vertical.

Oliveria *et al.* (2012) utilizaram ninho-armadilha de plástico e ninho-armadilha de papelão de 0,5, 1,0, 2,0, 3,0 L de quatro tamanhos diferentes contendo extrato de própolis e cera. Durante o período de 2 anos, 61 enxames de nove espécies diferentes de abelhas sem ferrão foram atraídos para os ninhos armadilha. O recipiente maior, de 3,0 L, foi escolhido pela maioria dos enxames. Os enxames foram recolhidos principalmente na primavera (outubro-dezembro). Os recipientes de plástico foram ocupados com mais sucesso do que outros pelos enxames de abelhas sem ferrão.

Barbosa *et al.* (2013) localizaram dez ninhos de *Geotrigona subterranea* na área de transição entre Cerrado e Caatinga nos municípios de Lontra e Januária, estado de Minas Gerais, sudeste do Brasil. Eles coletaram os ninhos para estudar sua arquitetura em detalhes e descreveram a estrutura geral do ninho dessa espécie de abelha em termos de número, forma e área dos favos, tamanho das células de cria, tamanho dos potes de mel e pólen; volume de mel e massa de pólen armazenados em potes fechados. Todos estes ninhos foram recolhidos em cavidades subterrâneas.

Singh (2013) concebeu uma nova colmeia para a domesticação das abelhas sem ferrão *Trigona iridipennis* Smith. A colmeia foi designada Acharya Narendra Deva, de forma cilíndrica e longa, com uma espessura de 2 cm e um comprimento, largura e altura de 29, 11 e 12 cm, respetivamente. O autor verificou que a colmeia era bem sucedida na criação da colónia de abelhas sem ferrão e que as células de armazenamento de mel e de pólen se encontravam separadamente ao lado dos ninhos de criação. O autor demonstrou que a extração do mel com a ajuda de uma seringa era mais fácil nesta colmeia do que noutras, pois podia ser aberta a partir do meio em duas partes sem danificar o favo.

Punith (2014) desenvolveu três tamanhos diferentes de colmeia de madeira para criar a abelha sem ferrão *Tetragonula iridipennis* em Karnataka, na Índia, e observou a adequação de diferentes tamanhos de colmeia para a criação destas abelhas. Foram concebidas três colmeias com as dimensões de 15*10x10; 30x10x10 e 30*15*10 cm^3 , tendo cada uma delas uma espessura semelhante de 2,5 cm. Para determinar o sucesso de uma colmeia, foram feitas diferentes observações sobre a procura de alimento, o ganho de peso das colónias e a produção de criação e de potes de armazenamento de alimentos, tendo-se verificado que a colónia de tamanho médio, com a dimensão de 30x10x10 cm^3 , era a mais adequada para o desenvolvimento de criação e de potes de armazenamento de alimentos, bem como para a atividade de procura de alimento das abelhas operárias e para o ganho de peso total da colónia.

Sajan Jose (2015), no seu estudo sobre a situação da meliponicultura em Kerala, um estado do sul da Índia, descreveu 9 tipos diferentes de colmeias utilizadas pelos apicultores locais de abelhas sem ferrão para a criação de colónias de *Tetragonula iridipennis*. Estas colmeias indígenas incluíam as colmeias de madeira mais comummente utilizadas (feitas geralmente de qualquer tipo de madeira), ninhos de tubos de PVC, ninhos de cascas de coco, vasos de barro utilizados como colmeias, ninhos de bambu, ninhos de taça de barro, ninhos de taça dupla de barro, colmeias de troncos e colmeias de vasos de jardinagem. Simultaneamente, descreveu também uma colmeia ou ninho moderno de tubos de PVC amovíveis, contendo duas peças de tubos de PVC, que funcionam como câmara de criação e supercâmara, unidas por um redutor entre elas, o que facilita a remoção dos dois compartimentos no momento da colheita do mel. O redutor facilita igualmente a divisão da colónia, uma vez que divide a câmara de criação em duas partes iguais após ter sido destacado da peça inferior ou do tubo inferior da colmeia. A colmeia contém igualmente um pequeno tubo colocado à entrada para a alimentação artificial durante o período de escassez. No entanto, no mesmo estudo, o autor questiona a eficácia dos tubos de PVC como estruturas de nidificação, uma vez que retêm o calor durante o verão, o que pode ser destrutivo para a colónia no seu interior.

Ali (2016) desenvolveu um modelo de colmeia adequado para a abelha sem ferrão, *T. iridipennis*. Ao estudar a nidificação da abelha sem ferrão, fez algumas observações sobre a colmeia UTOB. Desenvolveu a colmeia com duas câmaras. A câmara de mel tinha dimensões de 40*13x7 cm^3 e a câmara de criação tinha dimensões de 13*13*13 cm3. Para formar uma unidade, estas duas câmaras foram colocadas numa plataforma de madeira. A câmara de mel e a câmara de criação estavam ligadas por um espaço largo de 2,5 cm. Como entrada em todo o aparelho, foi previsto um orifício na câmara de mel, virado para a frente da mesma.

Pallavi (2016) estudou o efeito da conceção das colmeias em diferentes aspectos do desenvolvimento e do comportamento das colónias de abelhas sem ferrão, *T. iridipennis,* em Karnataka, utilizando quatro tipos de colmeias utilizadas para criar estas abelhas nos estados do sul da Índia. Dos quatro tipos de colmeia utilizados no estudo, três eram colmeias de madeira, constituídas por madeira com 2,4 cm de espessura e uma dimensão de 30*10*10 cm^3 ; colmeias de bambu com 30 cm de comprimento e 10 cm de diâmetro; e colmeia de Kerala com um comprimento, uma largura e uma espessura de 20, 12 e 1 cm, respetivamente. O quarto tipo de colmeia, ou colmeia de plástico isolada, foi preparado para este estudo e consistia em dois tubos de plástico com um diâmetro de 12 e 10 cm, inseridos um no outro e o espaço entre eles preenchido com serradura. Ambas as extremidades do tubo foram tapadas com folhas de termocol e dotadas de um orifício de entrada para o túnel de entrada. Depois de se abastecerem todas as colmeias com colónias de *T. iridipennis*, observou-se o padrão de desenvolvimento das diferentes colónias durante um ano e verificou-se que a colmeia de madeira apresentava o aumento máximo do volume de criação e do número de obreiras forrageiras, ao passo que o aumento do peso total da colmeia era máximo nas colmeias de bambu.

Singh (2016) relatou três espécies diferentes de abelhas sem ferrão, *Tetragonula iridipennis*, *Tetragonula laeviceps* e *Lophotrigona canifrons* de seis distritos diferentes do estado nordestino de Nagaland, na Índia. Observou-se que duas espécies, *T. iridipennis* e *T. laeviceps, habitavam os* habitats terrestres, ao passo que a *L. canifrons habitava* os habitats subterrâneos da região. Verificaram que a tribo tradicional Naga da região utilizava uma colmeia de troncos específica para criar estas abelhas. Além disso, relataram também a utilização de colmeias rectangulares de madeira para a criação das duas espécies *T. iridipennis* e *T. laeviceps* pelos habitantes locais nos seis distritos. Para além destes relatórios, o autor também descreveu o método tradicional de colheita de mel e a utilização etnológica destas abelhas pela tribo Naga.

Ramli *et al.* (2017) desenvolveram um novo modelo de colmeia de abelhas sem ferrão para a criação destas abelhas e deram-lhe o nome de colmeia MUSTAFA. Basicamente, a colmeia MUSTAFA é uma colmeia de dois compartimentos que consiste numa câmara de criação e numa cassete de mel separada. A passagem das abelhas operárias na cassete de mel é facilitada por um orifício de 35 mm na câmara de criação. Discutiram o papel do telhado verde ou do cultivo de plantas no telhado da colmeia MUSTAFA para controlar a temperatura no interior da colmeia, de modo a arrefecer a colónia durante a estação do verão. Neste estudo, a temperatura no interior da colmeia com um telhado verde foi medida e comparada com a da colmeia sem telhado verde. Os resultados mostraram uma temperatura mais baixa de 3°C e 6°C no interior da caixa de mel e da câmara de criação, respetivamente.

Roubik *et al.* (2018) explicaram as diferentes disposições relativas à construção de colmeias de abelhas sem ferrão. Essas disposições incluíam principalmente o uso de material durável, tintas não tóxicas, fornecimento de entradas maiores ou múltiplas, no momento da construção. Outras considerações importantes foram a existência de diferentes câmaras, a facilidade de manutenção e de transporte das colmeias, bem como um preço acessível. Além disso, explicaram a importância de considerar a gestão da humidade de uma colmeia de abelhas sem ferrão no momento da construção da colmeia. A maior parte da humidade e do líquido da colmeia acumula-se no interior da colmeia devido à evaporação da humidade do néctar, durante a conversão do néctar em mel. Ao mesmo tempo que explicam a importância desta gestão, também descrevem a regulação da humidade pelas abelhas operárias de dois géneros, *Melipona* e *Tetragonula.*

Palial *et al.* (2019) estudaram colmeias modernas para a domesticação de abelhas sem ferrão. Estudaram uma caixa de madeira retangular preparada através da junção de tiras de madeira. As dimensões da caixa eram 25- 32x18-26x20-64 cm. Para a entrada da abelha, foram feitos pequenos orifícios na parte inferior. A caixa retangular proporciona espaço suficiente para a produção de mel e o desenvolvimento da colónia. Também se estudou a colmeia cilíndrica, derivada do encaixe da colmeia de troncos natural da natureza. Com a ajuda de uma serra, os troncos de madeira ocos com o ninho foram separados do tronco das árvores e mantidos no chão durante algumas horas até ao anoitecer para que a colónia se instalasse. A parte superior da colmeia foi mantida para remoção e inspeção, multiplicação e extração de mel.

Amala *et al.* (2021) relataram que a taxa de ocupação da armadilha e os parâmetros de desenvolvimento da colónia de enxames de abelhas sem ferrão, *Tetragonula iridipennis,* em armadilhas de casca de coco foram estudados na quinta de investigação do ICAR-National Bureau of Agricultural Insect Resources (NBAIR) Bengaluru, Yelahanka campus Karnataka,

Índia. A taxa de ocupação das armadilhas pelas abelhas sem ferrão foi de 44,87% num período de 13,40 ± 4,38 dias. As abelhas construíram novas células em 12,10 ± 2,13 dias. O número de potes de mel e de pólen cheios foi de 15,60 ± 3,92 e 6,61 ± 2,95, respetivamente. As células de criação foram construídas 89,50 ± 6,07 dias após a aceitação das armadilhas com concha, com uma média de 67,70 ± 20,83 células de criação por armadilha. As forrageadoras preferiram procurar néctar, resina e pólen durante os 15, 30 e 45 dias, respetivamente, após a aceitação das cascas de coco para nidificação. As armadilhas de casca de coco são a forma mais fácil e económica de capturar a população enxameada de abelhas sem ferrão.

Wankhede *et al.* (2022) estudaram a viabilidade de diferentes armadilhas para capturar colónias de abelhas sem ferrão no seu habitat natural. O estudo foi efectuado com cinco tratamentos e quatro repetições num desenho de blocos aleatórios. Verificaram que os tratamentos T2-Armadilha de tubo de PVC @ Duas câmaras 20x18x12 cm^3 e T5-Armadilha de bambu @ 35x7,5 cm^2 foram igualmente eficazes, registaram 100% de captura de colónias de abelhas sem ferrão e rainhas (0,87 nos./armadilha) do seu habitat natural e foram significativamente superiores aos restantes tratamentos. O máximo de células de mel (15,1 nos.), células de pólen (21,6 nos.) e células de cria (398,5 nos.) foi registado na armadilha T2-PVC pipe @ Two chamber 20x18x12 cm^3 e foi seguido pela armadilha T5-Bamboo @ 35x7,5 cm^2 que 11,6, 18,7 e 347 nos, respetivamente, que foi significativamente superior ao T4-Pote de barro @ y2 capacidade de litro, Ti- Armadilha quadrada de madeira @ 20x20x15 cm^3 e T3-Armadilha retangular de madeira @ 34x11x11 cm^3 .

2.2. Estudar a toxicidade dos insecticidas nas abelhas sem ferrão em condições laboratoriais

Mayer *et al.* (200i) estudaram os efeitos do inseticida spinosad em adultos de *Apis mellifera, Megachile rotundata e Nomia melanderi* e calcularam a toxicidade de contacto (LD50) do spinosad contra adultos de *A. mellifera* a 0,078 |ig/abelha. Com base no LD50, a abelha melífera foi a mais suscetível, seguida da abelha alcalina (0,773 |ig/abelha) e da abelha cortadeira (1,908 |ig/abelha) nos EUA.

Cleveland *et al.* (2002) estudaram uma avaliação de risco ecológico para a utilização de spinosad no algodão e mostraram que o spinosad era agudamente tóxico para as abelhas em condições laboratoriais.

Mathirajan (2002) avaliou a toxicidade de contacto do spinosad 45 SC para a abelha *A. florea* a 25, 50, 75 e 100 g a.i./ha. A dose mais elevada de spinosad causou apenas 25 e 26,2 por cento de mortalidade após 72 horas de tratamento.

Mayes *et al.* (2003) estudaram a toxicidade do espinosade para os polinizadores e os riscos associados. Concluíram que o spinosad era pouco tóxico para a maioria dos insectos benéficos, mas os testes laboratoriais agudos indicaram que o spinosad era intrinsecamente tóxico para os polinizadores.

Miles (2003) estudou os efeitos do espinosade nas abelhas e referiu que o espinosade foi considerado altamente tóxico para as abelhas operárias em condições laboratoriais no Reino Unido.

Iwasa *et al.* (2004) estudaram o mecanismo para a toxicidade diferencial dos neonicotinóides nas abelhas melíferas (*A. mellifera*) e observaram que o composto nitro-substituído do imidaclopride era mais tóxico para as abelhas melíferas com valores LD50 de 0,018 |ig/abelha em condições laboratoriais.

Schumuck (2004) referiu que os efeitos alimentares crónicos do imidaclopride para a abelha

A. mellifera revelaram uma elevada toxicidade crónica em condições laboratoriais na Alemanha. Os valores de DL50 de contacto do imidaclopride para a *A. mellifera* variaram entre 0,040 e 0,104 ^g/abelha.

Rabia *et al.* (2005) estudaram a toxicidade relativa de insecticidas para *A. cerena indica.* Nos seus estudos laboratoriais, registaram a maior mortalidade das abelhas indianas quando expostas ao imidaclopride.

Pastagia e Patel (2007) estudaram a toxicidade relativa de insecticidas para *A. cerena indica.* Registaram a maior mortalidade (80,60%) de abelhas melíferas quando expostas a imidaclopride a 0,005 |ig/abelha em condições laboratoriais.

Dinter *et al.* (2008, 2009) concluíram que o clorantraniliprolo tinha um excelente perfil de segurança para artrópodes benéficos, polinizadores e organismos não visados, como minhocas e microrganismos do solo. Os efeitos do produto nas abelhas melíferas foram objeto de um estudo aprofundado, que demonstrou a baixa toxicidade intrínseca do clorantraniliprole na Dinamarca. Também foi referido que o clorantraniliprole apresenta baixa toxicidade e baixo risco para as abelhas melíferas (*A. mellifera*) e para o zangão (*Bombus terrestris*) a 0,005 Lig/abelha, demonstrado em testes agudos orais e de contacto.

Valdovinos *et al.* (2009) estudaram a toxicidade comparativa de pesticidas para diferentes espécies de abelhas sem ferrão, como *Melipona beecheii* Bennett, *Trigona nigra* Provancher e *Nannotrigona perilampoides* Cresson. Os resultados mostraram que todas as espécies eram altamente susceptíveis aos compostos avaliados. Os pesticidas nicotinóides foram os mais tóxicos, seguidos da permetrina, do diazinão e do metomil. Encontraram evidências de uma relação entre o peso corporal das espécies e a sua DL50 para a permetrina e o metomil (r = 0,91 e 0,90, respetivamente), mas não para o diazinão (r = -0,089). Uma análise de tabelas de contingência mostrou que, dentro de cada espécie, os trabalhadores caloiros tiveram maior mortalidade do que os forrageadores (P <0,01). Em *M. beecheii*, com uma dose semelhante de pesticida, morreram mais machos do que fêmeas. No entanto, os ginetes foram menos resistentes do que as operárias.

Miles e Anne (2011) relataram a maior mortalidade em abelhas (*A. mellifera*) expostas a padrões tóxicos agudos de espinosade em um dia após o tratamento nas condições de laboratório em Netherland.

Pettis *et al.* (2012) investigaram as interacções entre a exposição crónica e sub-letal do imidaclopride às colónias de abelhas melíferas e os resultados revelaram que o imidaclopride era um perigo intrínseco para as abelhas melíferas.

Boli (2013) estudou a segurança dos insecticidas de nova geração para os polinizadores de abelhas, principalmente *A. cerena indica* F., *Apis mellifera* e *Trigona iridipennis* Smith. em condições laboratoriais. Clorantraniliprole 18.5 SC @30 g a. i./ha, benzoato de emamectina @75 g a. i./ha e spinosad 45 SC @75 g a. i./ha registaram uma mortalidade que variou entre 9,40 e 20,00 por cento e acetamipride 20 SP @ 10 g a.i. ha^{-1} , imidaclopride 20 g a.i. ha^{-1} e buprofezina 250 g a.i. ha^{-1} registaram uma mortalidade que variou entre 17,23 e 34,60 por cento.

Xavier *et al.* (2015) tiveram como objetivo avaliar a toxicidade aguda e os efeitos comportamentais subletais de inseticidas botânicos como óleo de andiroba, óleo de citronela, óleo de eucalipto, extrato de alho, óleo de nim e rotenona em abelhas melíferas, *A. mellifera.* No entanto, o óleo de andiroba, o extrato de alho e o óleo de neem demonstraram uma toxicidade aguda para as larvas de abelhas. Todos estes insecticidas botânicos foram repelentes para as operárias adultas de *A. mellifera.* Além disso, o óleo de eucalipto, o extrato de alho, o óleo de neem e a rotenona diminuíram a taxa de atividade de caminhada das operárias adultas. Os nossos resultados demonstram a toxicidade aguda potencial e os efeitos subletais dos insecticidas botânicos nas abelhas melíferas e, por conseguinte, fornecem provas da importância de avaliar os riscos dos efeitos secundários dos biopesticidas, muitas vezes apresentados como amigos do ambiente para organismos não visados, como os polinizadores.

Pashte e Patil (2017) estudaram a toxicidade e os sintomas de envenenamento de insecticidas seleccionados para as abelhas melíferas. O estudo mostra que a toxicidade intrínseca dos insecticidas (LC50) para *A. mellifera* (L.) estava na seguinte ordem: imidaclopride (0,0070) > fipronil (0,0125) > indoxacarbe (0,0266)> cipermetrina (0,0370) > dimetoato (0,0385). Os valores do tempo letal (LT50) (h) por ordem crescente de toxicidade dos insecticidas foram os seguintes: fipronil (6,56), cipermetrina (6,69), dimetoato (8,00), imidaclopride (9,85) e indoxacarbe (13,45). Todos os pesticidas testados são nocivos para a abelha melífera, exceto a azadiractina.

Piovesan *et al.* (2020) estudaram os efeitos letais (mortalidade) e subletais (atividade locomotora) de inseticidas e acaricidas utilizados em morangos no Brasil (abamectina, novaluron, espinetoram e tiametoxam) sobre as abelhas nativas sem ferrão, *Melipona quadrifasciata* e *Tetragonisca fiebrigi*. Os resultados mostraram que os efeitos variaram significativamente de acordo com o pesticida, o tipo de exposição (oral ou tópica) e a espécie de abelha. Através da exposição oral, *a M. quadrifasciata* foi mais suscetível a todos os insecticidas, com exceção da abamectina, enquanto na exposição tópica, a *T. fiebrigi* foi mais sensível. O tiametoxame, seguido do espinetorame e da abamectina, foram os mais letais, independentemente da espécie ou da via de exposição; o novalurão não foi nocivo na dose mais elevada testada. A atividade locomotora das abelhas foi alterada na presença de doses subletais (CL10 e CL50) de todos os insecticidas. O espinetorame e a abamectina podem ser tão tóxicos como o tiametoxame contra *M. quadrifasciata* e *T. fiebrigi* em experiências laboratoriais.

Gokulakrishnan *et al.* (2021) estudaram a avaliação da toxicidade dos pesticidas para a abelha indiana *Apis cerena indica* F. através de estudos laboratoriais, de confinamento e de campo. O método de bioensaio tópico e oral revelou uma percentagem de mortalidade semelhante para todos os pesticidas. O profenofos, o tiodicarbe, o imidaclopride, o fipronil e o benzoato de emamectina causaram 100% de mortalidade e a azoxistrobina e o oxicloreto de cobre foram ligeiramente tóxicos para as abelhas. Os produtos biorracionais, nomeadamente o NPV e o NSKE, são os que causam menos mortalidade. Os resultados dos estudos de laboratório e de confinamento foram os mesmos.

Deepika *et al.* (2022) estudaram a toxicidade de contacto de insecticidas utilizados no ecossistema do caju, *nomeadamente* tiametoxame, carbosulfan, buprofezina, lambda-cialotrina, imidaclopride, clorpirifos e profenofos, que foram avaliados contra a abelha indiana *Apis cerana indica* F. e a abelha sem ferrão *Tetragonula iridipennis* (Smith) em condições laboratoriais. Observou-se que a buprofezina causou a menor mortalidade de 21,48 e 19,91% em *A. cerana indica* e *T. iridipennis*, respetivamente; o clorpirifos levou a uma mortalidade máxima de 100% em ambas as abelhas, sendo assim altamente tóxico 24 horas após o tratamento (HAT). O imidaclopride provocou uma mortalidade de >70% em ambas as espécies de abelhas às 24 HAT, enquanto a mortalidade variou entre 40 e 60% das abelhas com tiametoxame, carbossulfão e lambda-cialotrina às 24 HAT.

2.3. Estudar o impacto dos insecticidas nas abelhas sem ferrão em condições de campo

Ambolet *et al.* (1997) estudaram os possíveis efeitos não visados do tratamento de sementes de girassol com imidaclopride no comportamento das abelhas. Os autores referiram que o imidaclopride era altamente tóxico para as abelhas, ao passo que o imidaclopride utilizado como tratamento de sementes nas culturas de campo (0,7 mg/semente) foi considerado seguro para a *A. mellifera.*

Lambin *et al.* (2001) relataram que a aplicação tópica de imidaclopride nas doses de 0,005, 0,010 e 0,020 |ig/abelha não produziu qualquer efeito letal para as abelhas e também a dose mais baixa 0,020 pg/abelha não teve qualquer efeito sobre a função gustativa de *A. mellifera.*

Maus *et al.* (2003) estudaram a segurança do imidaclopride na cobertura de sementes para as abelhas melíferas. Relataram que o imidaclopride utilizado como cobertura de sementes representava apenas um risco negligenciável para as abelhas melíferas no girassol em França

Miles (2003) trabalhou sobre os efeitos do spinosad no controlo de insectos nocivos e o seu impacto nas abelhas e referiu que, quando o spinosad foi aplicado em culturas floridas, a atividade das abelhas diminuiu, mas que, mais tarde, era seguro para as abelhas nas condições de campo da Alemanha.

Thorat *et al.* (2004) estudaram a toxicidade de insecticidas aplicados em *Brassica napus* para a abelha indiana (*A. mellifera*) e observaram que o imidaclopride era altamente tóxico para as abelhas melíferas quando pulverizado em culturas agrícolas em Pantanagar.

Bailey *et al.* (2005) investigaram a toxicidade de contacto e oral para as abelhas melíferas (*Apis mellifera L.*) de agentes registados para o inseto do milho doce e observaram que as abelhas forrageiras, quando expostas a tratamentos com imidaclopride, não tiveram qualquer impacto nas abelhas melíferas.

Gulati *et al.* (2005) estudaram o comportamento de forrageamento e a eficiência das abelhas asiáticas no algodão. Observaram a toxicidade no terreno do imidaclopride contra *A. mellifera* e os resultados revelaram que matou 76,6% das forrageadoras durante a pulverização em Orissa.

Rortais *et al.* (2005) avaliaram os modos de exposição das abelhas melíferas a insecticidas sistemáticos e estimaram as quantidades de pólen e néctar contaminados consumidos por diferentes abelhas. Os autores referiram que as culturas tratadas com imidaclopride causaram grandes perdas às colónias de abelhas na Europa.

Chensberg (2012) referiu que as culturas tratadas com imidaclopride causaram o aparecimento da Perturbação do Colapso das Colónias durante o estudo da replicação *in situ* da Perturbação do Colapso das Colónias de Abelhas Melíferas.

Boli (2013) estudou a segurança dos insecticidas de nova geração para os polinizadores de abelhas, principalmente *A. cerena indica* F., *Apis mellifera* e *Trigona iridipennis* Smith, em condições de campo. A aplicação foliar dos insecticidas de nova geração seleccionados, efectuada a 10% da floração, mostrou que o clorantraniliprole 18,5 SC @ 30 g a.i. ha^{-1} e a buprofezina 250 g a.i. ha^{-1} eram seguros para os polinizadores de abelhas, em comparação com outros insecticidas. Concluiu que, entre os insecticidas de nova geração avaliados quanto à sua segurança para os polinizadores de abelhas, como *A. cerana indica, A. mellifera* e *T. iridipennis*, o clorantraniliprole 18,5 SC @ 30 g a.i. ha^{-1} foi seguro quando pulverizado contra desfolhadores e a buprofezina 25 SC @ 250 g a.i. ha^{-1} foi segura quando pulverizada contra pragas sugadoras de melão culinário (*C. melo* var. *acidulus*).

Sharma e Abrol (2014) referiram que os efeitos da aplicação de insecticidas na forragem e na polinização por abelhas melíferas na toria (*Brassica campestris* var. *toria*) cultivar RSPT-1 foram estudados em Jammu (Índia). Em condições de campo, a aplicação de betaciflutrina, betaciflutrina + imidaclopride e carbaril resultou numa mortalidade de 100% das abelhas no espaço de uma hora após a pulverização. Após 48 horas, foi registada uma mortalidade de 100% em todos os tratamentos, exceto no malatião (94%). Os efeitos pós-pulverização dos insecticidas foram muito mais elevados durante a primeira hora após o tratamento, mas após 48 horas registou-se uma mortalidade de 100% em todos os tratamentos, exceto no imidaclopride (43%). Os efeitos residuais após a pulverização foram elevados para as flores pulverizadas com imidaclopride (76% de mortalidade), demetão-o-metilo, carbaril e etiprolo, moderados para a betaciflutrina (49%), betaciflutrina + imidaclopride e profenofos, e baixos para o malatião (12%). O efeito residual diminui com o tempo e, após 96 horas de pulverização, o efeito residual foi reduzido em quase todos os insecticidas. O número de abelhas forrageiras foi muito reduzido em todos os tratamentos 24 horas após a pulverização, em comparação com os níveis antes da pulverização, recuperando consideravelmente após 3 dias e normal após 7 dias.

Stanley *et al.* (2015) estudaram a toxicidade dos pesticidas nas doses recomendadas no terreno para as abelhas *Apis cerena* e *A. mellifera* através de estudos de campo. Os autores fizeram pulverizações em plantas de mostarda em vasos e mostraram que o monocrotofos é o inseticida altamente tóxico, com 100% de mortalidade, seguido do tiametoxame, do diclorvos, do profenofos e do clorpirifos, que não devem ser recomendados para utilização em plantas com flores atractivas para os polinizadores. O acetamipride e o endossulfão não causaram qualquer efeito repelente nas abelhas melíferas nos ensaios de campo, o que apoia a utilização do acetamipride contra pragas sugadoras em plantas com flores.

Pashte e Patil (2016) estudaram o impacto de diferentes insecticidas na atividade das abelhas no girassol. As suas conclusões indicaram que a cipermetrina 10% CE e o imidaclopride 17,8% SL mantiveram menos visitas de abelhas até dois dias. No terceiro dia, a atividade normal das abelhas foi restaurada no caso das parcelas tratadas com cipermetrina 10% CE e imidaclopride 17,8% SL. O fipronil 5% SC apresentou menos visitas de abelhas apenas no dia da pulverização. A redução da atividade das abelhas foi observada durante quatro dias após a aplicação de indoxacarb 14,5% SC.

Bajiya *et al.* (2019) estudaram o efeito dos insecticidas no comportamento de forrageamento da abelha (*Apis mellifera* L.) na mostarda (*Brassica napus*). Cinco insecticidas metil-demetão >acetamipride >imidaclopride >diametoato >tiametoxame foram pulverizados no campo de mostarda durante a floração e verificaram as taxas de visita dos polinizadores e compararam com o controlo sem tratamento. Concluíram que a taxa de visitação das abelhas era mais baixa nas parcelas tratadas com inseticida em diferentes graus. O efeito repelente de *Apis mellifera* L. foi observado após 24 horas de pulverização, seguido de metil-demetão (79,4, 85,6, 86,6, 85,6 %), acetamipride (75.5, 79,5, 80,6, 81,0 %), imidaclopride (73,7, 79,6, 75,0, 71,4 %), diametoato (70,3, 73,4, 76,3, 77,1 %) e tiametoxame (66,1, 70,7, 67,0, 64,5 %). O efeito repelente das abelhas não foi observado no tratamento de controlo. Sete dias após o tratamento, as taxas de visitação das abelhas melíferas foram recuperadas em relação ao controlo. Concluíram, assim, que o metil-demetão, seguido do acetamipride, do imidaclopride e do diametoato, exerce um maior efeito repelente sobre as abelhas melíferas e que o tiametoxame, com propriedades insecticidas, exerce um menor efeito repelente sobre as abelhas melíferas.

Gokulakrishnan *et al.* (2021) estudaram a avaliação da toxicidade dos pesticidas para a abelha indiana *Apis cerena indica* F. através de estudos de campo. O NPV foi o menos tóxico, seguido do NSKE, da azoxistrobina, do oxicloreto de cobre e do acetamipride. Até 3DAS, as parcelas tratadas com clorantarniliprole registaram um número mínimo de visitas de abelhas.

Assim, sugerem que todos os biorracionais podem ser utilizados no campo sem qualquer restrição. Os resultados dos estudos de campo apoiam a utilização de acetamipride contra pragas sugadoras em plantas em floração.

CAPÍTULO III

MATERIAL E MÉTODOS

A presente investigação, intitulada "Captura de colónias e toxicidade de insecticidas em abelhas sem ferrão", foi realizada no campus do Dr. Balasaheb Sawant Konkan Krishi Vidyapeeth, Dapoli, e a toxicidade do inseticida em abelhas sem ferrão em condições laboratoriais foi realizada no Departamento de Entomologia Agrícola, Faculdade de Agricultura, Dapoli, e o impacto do inseticida em abelhas sem ferrão em condições de campo foi realizado na Estação Experimental Central, Wakawali, durante 2022-2023.

O detalhe do material utilizado e a metodologia adoptada durante a experiência são apresentados a seguir:

3.1 Material necessário

3.1.1 Entradas utilizadas

1. Colónia de abelhas sem ferrão
2. Sementes de quiabo *var.* Konkan bhendi
3. Mel

Tabela 3.1: Material e instrumentos utilizados na experiência

N.º Sr.	Material e instrumentos	N.º Sr.	Material e instrumentos
1	Colmeias diferentes	13	Tubo preto
2	Agulha	14	Marcadores
3	Fórceps	15	Etiquetas
4	Algodão	16	Pulverizador manual
5	Tubos de ensaio	17	Frascos de vidro
6	Linha	18	Tecido de musselina
7	Folha de polietileno	19	Micro pipeta
8	Escova de pelo de camelo	20	Papel de filtro Whatman
9	Palitos de dentes	21	Balança eletrónica de pesagem
10	Cimento branco	22	Sacos de amostragem de sementes
11	Fita adesiva	23	Contador de sementes
12	Adesivo	24	Frigorífico

3.2 Métodos adoptados

Os pormenores sobre a metodologia adoptada para o presente inquérito são apresentados nos subtítulos seguintes:

1. Capturar a colónia de abelhas sem ferrão nos seus ninhos naturais
2. Estudar a toxicidade dos insecticidas nas abelhas sem ferrão em condições laboratoriais
3. Estudar o impacto dos insecticidas nas abelhas sem ferrão em condições de campo
4. **2.1 Capturar a colónia de abelhas sem ferrão nos seus ninhos naturais**

A presente investigação, intitulada "Captura de colónias e toxicidade de insecticidas em abelhas sem ferrão", foi realizada nas instalações da Faculdade de Agricultura, Oficina da Faculdade de Engenharia Agrícola, Dr. Balasaheb Sawant Konkan Krishi Vidyapeeth, Dapoli, durante 2022-23.

3.2.1.1 Levantamento efectuado no campus universitário em busca de colónias de abelhas sem ferrão

A fase inicial desta investigação consistiu na procura de colónias de abelhas sem ferrão na área da universidade, localizando-as para posterior investigação. As colónias foram procuradas no campus universitário.

3.2.1.2 Seleção da colónia

As colónias foram encontradas no interior dos postes de iluminação pública, postes de ferro das casas, entre as fendas e fissuras das paredes, cavidades de madeira, cavidades de portas, etc. As colónias de mais fácil acesso foram seleccionadas para a instalação de diferentes tipos de armadilhas.

3.2.1.3 Preparação de diferentes tipos de armadilhas

Para cada tratamento, foram preparadas armadilhas/colmeias de diferentes tamanhos: colmeia/armadilha de madeira com três dimensões, colmeia/armadilha de tubo de PVC com duas dimensões, colmeia/armadilha de bambu, colmeia/armadilha de pote de barro e colmeia/armadilha de bola flutuante.

A experiência foi organizada em blocos aleatórios com oito tratamentos e três repetições. Os pormenores das diferentes armadilhas/colmeias utilizadas para a captura de abelhas sem ferrão são apresentados no Quadro 3.2.

Conceção : RBD

Tratamentos : 8

Réplicas : Três

T_1

T_2

T_3

T_4

Foto No. 1 (a): Sifões instalados por tratamento

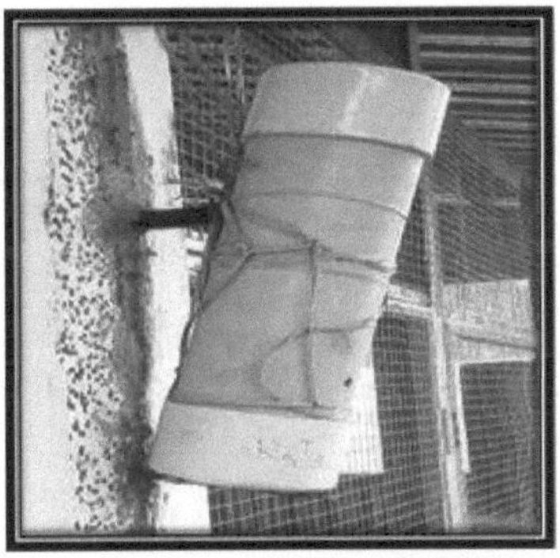

T5

T6

T7

T8

Foto n.º 1 (b): armadilhas instaladas por tratamento

Quadro 3.2: Pormenores experimentais de diferentes armadilhas/colmeias utilizadas para a captura de abelhas sem ferrão

N.º de tratamento	**Detalhes do tratamento**
Ti	Colmeia/armadilha de madeira @ 20x13x10 cm^3
T2	Colmeia/armadilha de madeira @ 25x15x10 cm^3
T3	Colmeia/armadilha de madeira @30x10x10 cm^3 com telhado
T4	Colmeia/armadilha de tubo de PVC @ duas câmaras 20x12 $cm^{2\ 3}$ e

2 N.º de células de cria, pote de mel e pote de pólen: Foram observados os vários componentes do ninho, *nomeadamente* células de criação, potes de mel e potes de pólen. Foi registado o número de componentes de ninhos diferentes nas armadilhas onde a colónia foi capturada.

	18x10 cm^2
T5	Colmeia/armadilha em tubo PVC @ 30x12 cm^2
T6	Colmeia/armadilha de bambu com 1 pé de comprimento
T7	Pote de barro com 2 litros de capacidade
T8	Bola flutuante @ 1 litro de capacidade

3.2.1.4 Instalação de armadilhas/colmeias

Todas as armadilhas foram limpas e a resina foi espalhada à volta do orifício de entrada para atrair as abelhas e proteger a colónia de quaisquer inimigos. Utilizou-se um tubo de PVC de 5 polegadas de comprimento e 25 mm de diâmetro. Uma extremidade do tubo foi fixada na parte superior do lado de trás da colmeia e a outra extremidade foi inserida no habitat natural da colónia de abelhas. Foi feito um pequeno orifício de 5 mm na parte inferior da colmeia. Todas as fendas e fissuras do habitat natural/ninho/cavidade foram tapadas com gesso e material adesivo.

3.2.1.5 Controlo das armadilhas/colmeias

As armadilhas foram monitorizadas semanalmente para as colocar em boas condições. Os tubos pretos partidos foram fixados com fita adesiva, as armadilhas foram protegidas da água da chuva com uma folha de polietileno e foi utilizado pó resistente às formigas para evitar que estas entrassem na colónia. Por vezes, as abelhas estabelecem o seu próprio caminho a partir de vários orifícios que foram monitorizados atempadamente e fechados os restantes orifícios de entrada.

3.2.1.6 Observações registadas

As observações experimentais foram registadas em intervalos de três meses.

1. Colónia de abelhas presente/ausente: A colónia de abelhas capturada ou não em diferentes tratamentos de armadilhas foi registada.

3.2.2 Estudar a toxicidade dos insecticidas nas abelhas sem ferrão em condições laboratoriais

O presente estudo, intitulado "Captura de colónias e toxicidade de insecticidas em abelhas sem ferrão", foi realizado no Departamento de Entomologia Agrícola, Faculdade de Agricultura, Dapoli, em 2022-2023.

A experiência foi organizada num esquema completamente aleatório com oito tratamentos e três repetições. Os pormenores dos diferentes insecticidas utilizados para avaliar a toxicidade sobre as abelhas sem ferrão em condições laboratoriais são apresentados na Tabela 3.3.

Conceção : CRD

Tratamentos : 8

Réplicas : Três

Quadro 3.3: Pormenores experimentais dos diferentes insecticidas utilizados para avaliar a toxicidade para as abelhas sem ferrão em condições laboratoriais

N.º de tratamento	Detalhes do tratamento	Formulação	Dose por litro	Nome comercial	Fonte

3 Presença/ausência de rainha e da sua célula: A presença ou ausência da rainha e da célula da rainha foi registada nas armadilhas em que a colónia foi capturada em intervalos de três meses.

T1	Clorantraniliprolo	18,5 SC	0,25 ml	Coragénio	*FMC India Private Limited, TCG Financial Centre 2nd Floor, C-53, Bandra (E) Mumbai-400098.
T2	Benzoato de emamectina	5 SG	0.4 g	Proclamar	Crystal Crop Protection Ltd., Regd. off: 206, Second Floor, Span Trade Centre, Ellisbridge, Ahmedabad- 380 006, Gujrat.
T3	Espinetorama	11.7 SC	0,9 ml	Delegado	Dow Agrosciences India Pvt. Ltd. 1st Floor Block B, 02 Godrej Business District, Pirojshanagar, LBS Marg, Vikhroli (W), Mumbai-400 079.
T4	Espinosade	45 SC	0,3 ml	Traçador	Dow Agrosciences India Pvt. Ltd. 1st Floor Block B, 02 Godrej Business District, Pirojshanagar, LBS Marg, Vikhroli (W), Mumbai-400 079.
T5	Óleo de neem	0,5% CE	5 ml	Óleo de neem	Ambika Biotech Industrial Area, Mandsaur (MP).
T6	Lambda-cialotrina	5 CE	0,6 ml	Tk7 " O roto Karaté	Syngenta India Limited, Amar Paradigm, S. No. 110/11/3, Baner Road, Pune-411 045, Maharashtra.
T7	Imidaclopride	17.8 SL	0,3 ml	Tiroteio	Sulphur Mills Limited. 604/605, 349 Business point, Western Express Highway, Andheri (E), Mumbai- 400 069 (M.S.)
T8	Controlo não tratado				

T1

T2

T3

T4

Foto No. 2 (a): Armadilhas de captura de colónias por tratamento

T5

T6

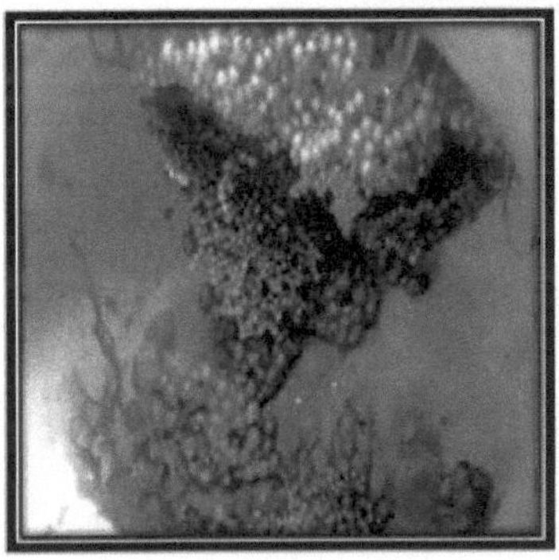

T7

T8

Foto n.º 2 (b): Armadilhas de captura de colónias por tratamento

Foto No. 3: Observação de diferentes armadilhas

3.2.2.1 Recolha e aclimatação das abelhas sem ferrão

As abelhas operárias forrageiras foram utilizadas no estudo da toxicidade. Foram utilizadas abelhas de uma determinada colónia para toda a experiência, uma vez que a suscetibilidade de diferentes colónias pode variar de uma para outra. Foi mantida uma colónia de abelhas sem ferrão perto do local da experiência. As abelhas foram recolhidas do orifício de entrada da colmeia ou da armadilha, utilizando recipientes de plástico com uma boca larga. A extremidade aberta do recipiente foi colocada perto do orifício de entrada da colónia. Soprou-se ar para dentro da colmeia/armadilha, segurando suavemente o recipiente numa posição inclinada para facilitar a captura das abelhas. Depois de recolhido o número necessário de abelhas, fecha-se a extremidade aberta do recipiente com um pano de musselina limpo, preso com um elástico. As abelhas recolhidas são então levadas para o laboratório e aí mantidas durante alguns minutos para se aclimatarem.

3.2.2.3 Avaliação da toxicidade de diferentes insecticidas para as abelhas sem ferrão em condições laboratoriais

Os insecticidas foram avaliados quanto à sua toxicidade para as abelhas sem ferrão através da técnica de película fina, utilizando o procedimento padrão seguido por Boli (2013). A formulação dos insecticidas testados na dose recomendada foi preparada conforme descrito na Tabela 3.3. Os frascos de vidro redondos foram bem lavados e secos. O papel de filtro Whatman n.º 1 foi cortado em discos redondos e mantido na superfície inferior interna do frasco de vidro. Transferiu-se um ml da solução de inseticida para cada frasco com uma pipeta de um ml. Um frasco de vidro serviu como réplica. O frasco de vidro e o papel de filtro Whatman com a solução de inseticida foram rodados em ambos os sentidos, de modo a que a solução cobrisse uniformemente a superfície interna do frasco. O frasco de vidro foi rodado até que a água secasse e ficasse apenas uma fina camada seca de inseticida. As abelhas recolhidas foram, tal como descrito supra, mantidas num frigorífico durante dois minutos para reduzir a sua atividade. Quando as suas actividades diminuíram, foram retiradas e imediatamente transferidas para o frasco de vidro tratado com inseticida. Foram libertadas vinte abelhas em cada frasco de vidro. Pipetou-se um ml de solução de mel a 40% e espalhou-se sobre o papel de filtro no interior dos frascos de vidro, que lhes serviu de alimento. A boca dos frascos de vidro foi coberta com um pano de musselina e atada com um elástico, o que proporcionou um arejamento suficiente às abelhas. O frasco de vidro tratado apenas com água, com vinte abelhas, serviu de controlo.

3.2.2.4 Observações registadas

A contagem da mortalidade das abelhas sem ferrão tratadas foi efectuada às 2, 4 e 6 horas. As observações foram registadas nos dias 1st , 3rd , 7th e 10th .

3.2.3 Estudar o impacto dos insecticidas nas abelhas sem ferrão em condições de campo

Após a captura da abelha sem ferrão na armadilha, esta foi mantida na parcela de quiabos para estudar o impacto dos insecticidas nas abelhas sem ferrão em condições de campo.

O seguinte conjunto de práticas foi seguido para a cultura do quiabo:

3.2.3.1 Área de estudo/ localização no terreno

Foi realizada uma experiência na Estação Experimental Central, Wakawali, durante o verão de 2023. A experiência foi organizada em blocos aleatórios com oito tratamentos e três repetições, com o objetivo de descobrir o impacto dos insecticidas nas abelhas sem ferrão em condições de campo.

3.2.3.2 Preparação do terreno

O terreno foi preparado com duas lavouras transversais profundas sucessivas por gradagem para o tornar fino. As ervas daninhas foram removidas do campo e a plantação foi efectuada para nivelar bem a parcela experimental. Em seguida, a parcela experimental foi desenhada. A parcela experimental foi marcada e cada parcela de 4 x 3 m^2 foi desenhada.

3.2.3.3 Semeadura

O quiabo, variedade Konkan bhendi, foi semeado em linhas.

3.2.3.4 Desbaste

As plantas excessivas de quiabo foram removidas após 2 ou 3 semanas de sementeira para manter uma população óptima de plantas.

3.2.3.5 Aplicação de estrumes e fertilizantes

Uma dose de fertilizante recomendada de NPK (100: 50: 25 Kg/ha) e 15 toneladas de FYM foi dada ao quiabo. Um terço da dose de nitrogénio e toda a quantidade de superfosfato simples (SSP) e muriato de potássio (MOP) foi aplicada como dose basal. Os dois terços restantes da dose de nitrogénio foram aplicados em duas doses divididas aos 30 e 60 dias após a aplicação do fertilizante.

3.2.3.6 Gestão de ervas daninhas e irrigação

O local experimental foi mantido livre de ervas daninhas através de mondas manuais periódicas. A irrigação foi feita imediatamente após a plantação e com intervalos de 6-7 dias, dependendo do teor de humidade do solo e das condições sazonais.

3.2.3.7 Marcação

Em cada parcela de tratamento, foram marcadas aleatoriamente um total de 5 plantas numa área de 4 x 3 m^2 para registar as visitas das abelhas à mesma planta. Foram registadas as observações pré-contagem e pós-contagem das plantas marcadas.

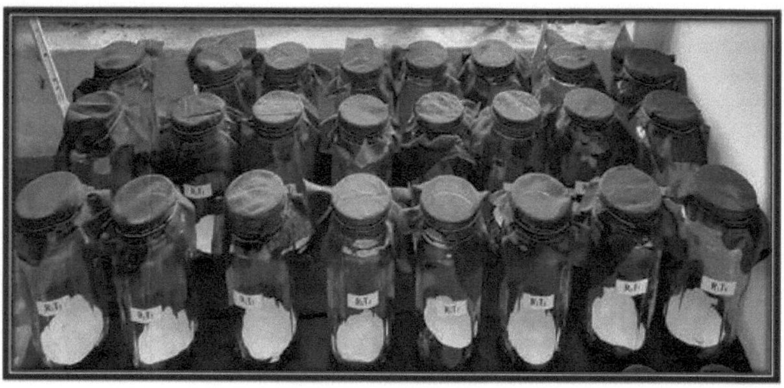

Instalação experimental

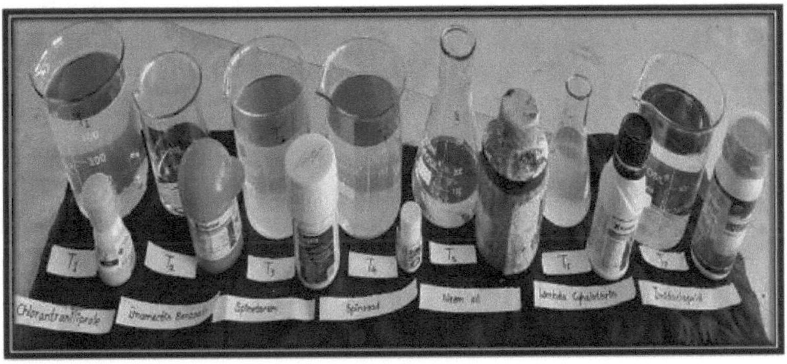

Tratamentos

Foto n.º 4: Requisitos para o estudo da toxicidade dos insecticidas sobre as abelhas sem ferrão em condições de laboratório

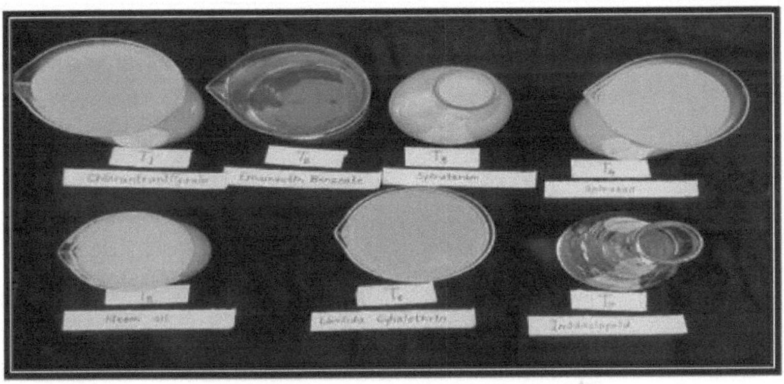

Formulações preparadas de insecticidas

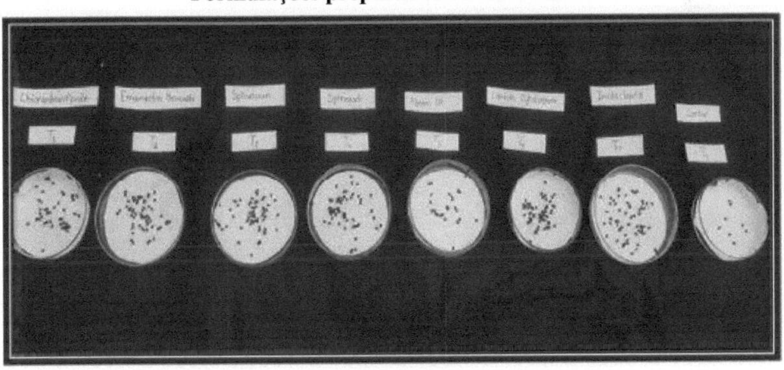

Mortalidade das abelhas sem ferrão tratadas

Foto n.º 5: Toxicidade dos insecticidas para as abelhas sem ferrão em condições de laboratório

3.2.3.8 Criação de colmeias de madeira de abelhas sem ferrão na parcela de quiabos

A 50% da floração, foram instaladas três colónias de abelhas sem ferrão a igual distância na parcela de quiabos. As colónias de abelhas sem ferrão foram instaladas no campo experimental no início de 10% da floração, a igual distância da parcela de quiabos onde foram feitas as observações. Em cada parcela, uma área de um metro quadrado foi marcada aleatoriamente antes da aplicação dos tratamentos. Os tratamentos em cada repetição foram mantidos a um metro de distância uns dos outros para evitar a deriva durante a pulverização de insecticidas. Após a preparação das soluções de pulverização dos tratamentos, estes foram pulverizados no campo com um pulverizador de grande volume durante a fase de pico da floração.

Quadro 3.4: Detalhes experimentais para estudar o impacto dos insecticidas nas abelhas sem ferrão em condições de campo

<table>
<tr><td>Localização</td><td colspan="4">Estação Central de Experimentação, Wakawali, Dr. Balasaheb Sawant Konkan Krishi Vidyapeeth, Dapoli, Dist. Ratnagiri</td></tr>
<tr><td>Período de estudo</td><td colspan="4">verão de 2023</td></tr>
<tr><td>Cultura</td><td colspan="4">Quiabo</td></tr>
<tr><td>Variedades</td><td colspan="4">Konkan bhendi</td></tr>
<tr><td>Método de sementeira</td><td colspan="4">Semeadura em linha</td></tr>
<tr><td>Tamanho da parcela de tratamento</td><td colspan="4">4x3 m^2</td></tr>
<tr><td>Conceção</td><td colspan="4">Desenho de blocos aleatórios (RBD)</td></tr>
<tr><td>Número de réplicas</td><td colspan="4">Três</td></tr>
<tr><td>Número de tratamentos</td><td colspan="4">Oito</td></tr>
<tr><td>N.º de plantas de observação por parcela</td><td colspan="4">Cinco</td></tr>
<tr><td rowspan="9">Detalhes do tratamento</td><td>N.º de tratamento</td><td>Detalhes do tratamento</td><td>Formulação</td><td>Dose por litro</td></tr>
<tr><td>T 1</td><td>Clorantraniliprolo</td><td>18,5 SC</td><td>0,25 ml</td></tr>
<tr><td>T 2</td><td>Benzoato de emamectina</td><td>5 SG</td><td>0.4 g</td></tr>
<tr><td>T 3</td><td>Spinetoram</td><td>11.7 SC</td><td>0,9 ml</td></tr>
<tr><td>T 4</td><td>Espinosade</td><td>45 SC</td><td>0,3 ml</td></tr>
<tr><td>T 5</td><td>Óleo de neem</td><td>0,5% CE</td><td>5 ml</td></tr>
<tr><td>T 6</td><td>Lambda-cialotrina</td><td>5 CE</td><td>0,6 ml</td></tr>
<tr><td>T 7</td><td>Imidaclopride</td><td>17.8 SL</td><td>0,3 ml</td></tr>
<tr><td>T 8</td><td>Controlo não tratado</td><td></td><td></td></tr>
</table>

3.3 Observações registadas:

Aplicação de pulverização: Foram efectuadas duas pulverizações a 50 por cento da floração e a segunda pulverização foi feita quinze dias após a primeira pulverização.

As observações pré-contagem foram efectuadas um dia antes da pulverização sobre as abelhas visitantes por cada cinco minutos nas flores de quiabo num metro quadrado e as observações pós-tratamento foram efectuadas a 1st , 3rd , 5th , 7th , 10th e 14th dias após a pulverização. Seguiu-se o pacote de práticas agronómicas recomendadas para criar uma boa parcela de produção de sementes.

3.3.1 Número de abelhas que visitam as flores de quiabo/planta/ 5 min

Em cada parcela de tratamento, um total de 5 plantas foram marcadas aleatoriamente e o número de visitas de abelhas sem ferrão/planta/ 5 minutos foi registado durante o período de pico. (11.00 hr-1.00 hr). Estas observações foram registadas antes das 24 horas como observação de pré-contagem e as observações de pós-contagem foram efectuadas nos dias 1st, 3rd, 5th, 7th, 10th e 14th após cada pulverização. A aplicação do tratamento foi efectuada duas vezes. Os dados obtidos foram submetidos a uma análise estatística.

3.4 Métodos estatísticos

Os dados experimentais obtidos foram analisados estatisticamente através da aplicação da técnica de análise de variância, conforme aplicável no projeto completamente aleatório (CRD) e no projeto de blocos aleatórios (RBD). O intervalo, a média, o erro padrão (E.P.) e a diferença crítica (D.C.) a 5 por cento de probabilidade foram calculados para comparação entre tratamentos. A mortalidade corrigida foi calculada pela fórmula de Abbotts.

3.5 Local/duração/época da experiência

1. O trabalho de captura de colónias foi realizado nas instalações da Faculdade de Agricultura, Oficina da Faculdade de Engenharia Agrícola, Dr. Balasaheb Sawant Konkan Krishi Vidyapeeth, Dapoli durante 2022-23.
2. A toxicidade do inseticida nas abelhas sem ferrão em condições laboratoriais foi realizada no Departamento de Entomologia Agrícola, Faculdade de Agricultura, Dapoli, em 2022-2023.
3. O impacto dos insecticidas nas abelhas sem ferrão em condições de campo foi realizado na Estação Experimental Central, Wakawali, Dr. Balasaheb Sawant Konkan Krishi Vidyapeeth, Dapoli, durante o verão de 2023.

Vista geral da parcela experimental

Estabelecimento de colónias de abelhas sem ferrão em parcelas de quiabos
Foto n.º 6: Vista da parcela experimental para o estudo do impacto dos insecticidas nas abelhas sem ferrão em condições de campo

CAPÍTULO IV

RESULTADOS E DISCUSSÃO

A presente investigação intitulada "Captura de colónias e toxicidade de insecticidas em abelhas sem ferrão", o trabalho de captura de colónias foi realizado perto do Departamento de Entomologia Agrícola, Faculdade de Agricultura e Oficina da Faculdade de Engenharia Agrícola, Dapoli, a toxicidade dos insecticidas no aspeto das abelhas sem ferrão em condições laboratoriais foi realizada no Departamento de Entomologia Agrícola, Faculdade de Agricultura, Dapoli e o impacto dos insecticidas nas abelhas sem ferrão em condições de campo foi realizado na Estação Experimental Central, Wakawali, Dr. Balasaheb Sawant Konkan Krishi Vidyapeeth, Dapoli durante 2022-2023. Balasaheb Sawant Konkan Krishi Vidyapeeth, Dapoli, durante 2022-2023. Os resultados são apresentados e discutidos nos seguintes subtítulos, que são fornecidos abaixo:

4.1. Para capturar a colónia de abelhas sem ferrão dos seus ninhos naturais

4.2. Estudar a toxicidade dos insecticidas nas abelhas sem ferrão em condições laboratoriais

4.3. Estudar o impacto dos insecticidas nas abelhas sem ferrão em condições de campo

4.1. **Para capturar a colónia de abelhas sem ferrão dos seus ninhos naturais**

Os dados relativos à captura de colónias de abelhas sem ferrão dos seus ninhos naturais em armadilhas artificiais durante o mês de janeiro de 2023 são apresentados no Quadro 4.1 e representados graficamente na Fig. 4.1.

Os dados apresentados na Tabela 4.1 revelaram que o tratamento T4- Colmeia/armadilha de tubo de PVC @ duas câmaras 20x12 cm^2 e 18x10 cm^2 foi eficaz para capturar o máximo de rainhas (1,0 nos.) e foi significativamente superior ao tratamento T5- Colmeia/armadilha de tubo de PVC @ 30x12 cm^2 . Foi igual aos tratamentos T2- Colmeia/armadilha de madeira @ 25x15x10 cm^3 (0.66 nos.), T3- Colmeia/armadilha de madeira @ 30x10x10 cm^3 com telhado (0.66 nos.), T1- Colmeia/armadilha de madeira @ 20x13x10 cm^3 (0.33 nos.), T6- Colmeia/armadilha de bambu com 1 pé de comprimento (0,33 nos.), T7- Pote de barro com capacidade para 2 litros (0,33 nos.) e T8- Bola flutuante com capacidade para 1 litro (0,33 nos.).

O máximo de células de mel (34,7 nos.) foi registado em T4- Colmeia/armadilha de tubo de PVC @ duas câmaras 20x12 cm^2 e 18x10 cm^2 que foi significativamente superior a T3- Colmeia/armadilha de madeira @ 30x10x10 cm^3 com telhado (5,33 nos.), T6- Colmeia/armadilha de bambu com 1 pé de comprimento (4.67 nos.), T1- Colmeia/armadilha de madeira com 20x13x10 cm^3 (3.67 nos.), T8- Bola flutuante com capacidade de 1 litro (2.67 nos.), T7- Pote de terra com capacidade de 2 litros (2.0 nos.) e T5- Colmeia/armadilha de tubo de PVC com 30x12 cm^2 (1.67 nos.). O mesmo aconteceu com o T2- Colmeia/armadilha de madeira @ 25x15x10 cm^3 (13.3 nos.).

O tratamento T3- Colmeia/armadilha de madeira @ 30x10x10 cm^3 com telhado registou o máximo de células de pólen (46,3 nos.) e foi encontrado a par com T4- Colmeia/armadilha de tubo de PVC @ duas câmaras 20x12

Tabela 4.1: Captura de colónias de abelhas sem ferrão dos seus ninhos naturais em armadilhas artificiais durante o mês de janeiro de 2023

Tr. No.	Detalhes dos tratamentos	Rainha	Célula de mel	Célula polínica	Célula de criação
Ti	Colmeia/armadilha de madeira @ 20x13x10 cm^3	0.33 (0.88)*	3.67 (1.60)	6.67 (2.И)	27.0 (3.48)
T_2	Colmeia/armadilha de madeira @ 25x15x10 cm^3	0.66 (1.05)	13.3 (3.23)	9.67 (2.81)	145.0 (9.64)
T_3	Colmeia/armadilha de madeira @30x10x10 cm^3 com telhado	0.66 (1.05)	5.33 (2.08)	46.3 (6.80)	169.7 (10.85)
T_4	Colmeia/armadilha de tubo de PVC @ duas câmaras 20x12 cm^2 e 18x10 cm^2	1.0 (1.22)	34.7 (5.81)	29.0 (5.40)	579.0 (23.14)
T_5	Colmeia/armadilha em tubo PVC @30x12 cm^2	0.0 (0.71)	1.67 (1.26)	4.33 (1.70)	0.0 (0.71)
T6	Colmeia/armadilha de bambu com 1 pé de comprimento	0.33 (0.88)	4.67 (1.74)	3.67 (1.60)	85.0 (5.80)
T_7	Pote de barro com 2 litros de capacidade	0.33 (0.88)	2.0 (1.32)	6.0 (1.91)	40.0 (4-13)
T_8	Bola flutuante com capacidade para 1 litro	0.33 (0.88)	2.67 (1.45)	3.0 (150)	32.7 (3.78)
SE±		**0.16**	**0.93**	**0.97**	**4.24**
CD @ 5%		**0.47**	**2.81**	**2.92**	**12.9**

* *(Os valores entre parêntesis são valores transformados pela raiz quadrada (X+0,5))*

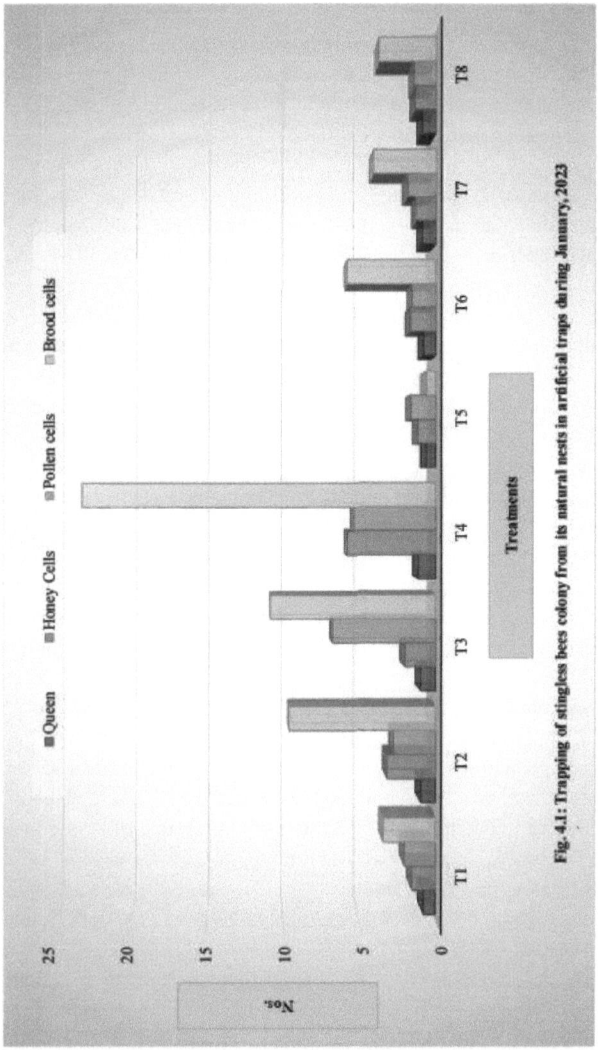

Fig. 4.1: Trapping of stingless bees colony from its natural nests in artificial traps during January, 2023

Fig. 4.1: Captura de uma colónia de abelhas sem ferrão dos seus ninhos naturais em armadilhas artificiais durante o mês de janeiro de 2023

cm^2 e 18x10 cm^2 (29 nos.). Foi significativamente superior ao T2- Colmeia/armadilha de madeira @ 25x15x10 cm^3 (9.67 nos.), T1- Colmeia/armadilha de madeira @ 20x13x10 cm^3 (6.67 nos.), T7- Pote de barro @ 2 litros de capacidade (6.0 nos.), T5- Colmeia/armadilha de tubo de PVC @ 30x12 cm^2 (4.33 nos.), T6- Colmeia/armadilha de bambu @ 1 ft length (3.67 nos.) e T8- Bola flutuante @ 1 litro de capacidade (3.0 nos.).

O máximo de células de cria (579 nos.) foi observado em T4- Colmeia/armadilha de tubo de PVC @ duas câmaras 20x12 cm^2 e 18x10 cm^2 e estava no mesmo nível de T3- Colmeia/armadilha de madeira @ 30x10x10 cm^3 com telhado (169.7 nos.). Foi considerado significativamente superior ao T2- Colmeia/armadilha de madeira @ 25x15x10 cm^3 (145 nos.), T6- Colmeia/armadilha de bambu @ 1 pé de comprimento (85 nos.), T7- Pote de terra @ 2 litros de capacidade (40 nos.), T8- Bola flutuante @ 1 litro de capacidade (32.7 nos.) e T1- Colmeia/armadilha de madeira @ 20x13x10 cm^3 (27 nos.). Em T5- Colmeia/armadilha de tubo de PVC @ 30x12 cm^2 não foram registados alvéolos de criação (0,0 nos.).

Os dados relativos à captura de colónias de abelhas sem ferrão dos seus ninhos naturais em armadilhas artificiais durante o mês de abril de 2023 são apresentados no Quadro 4.2 e representados graficamente na Fig. 4.2.

A tabela 4.2 mostra que a captura de rainhas foi máxima no tratamento T4- Colmeia/armadilha de tubo de PVC @ duas câmaras20x12 cm^2 e 18x10 cm^2 (1,0 nos.). Seguiram-se os tratamentos T2- Colmeia/armadilha de madeira @ 25x15x10 cm^3 (0.66 nos.), T3- Colmeia/armadilha de madeira @ 30x10x10 cm^3 com telhado (0.66 nos.), T7- Pote de barro @ 2 litros de capacidade (0.66 nos.), T1- Colmeia/armadilha de madeira @ 20x13x10 cm^3 (0.33 nos.), T5- Colmeia/armadilha de cano de PVC @ 30x12 cm^2 (0.33 nos.), T6- Colmeia/armadilha de bambu @ 1 pé de comprimento (0.33 nos.) e T8- Bola flutuante @ 1 litro de capacidade (0.33 nos.). Em todos os tratamentos foram observadas relações não significativas.

O tratamento T4- Colmeia/armadilha de tubo de PVC @ duas câmaras 20x12 cm^2 e 18x10 cm^2 registou o número máximo de células de mel (59,7 nos.) e foi significativamente superior aos restantes tratamentos *viz*, T2- Colmeia/armadilha de madeira @ 25x15x10 cm^3 (15.7 nos.), T1- Colmeia/armadilha de madeira @ 20x13x10 cm^3 (14.3 nos.), T3- Colmeia/armadilha de madeira @ 30x10x10 cm^3 com telhado (11 nos.), T6- Colmeia/armadilha de bambu @ 1 pé de comprimento (6 nos.), T7- Pote de terra @ 2 litros de capacidade (5.67 nos.) T5- Colmeia/armadilha de tubo de PVC @ 30x12 cm^2 (5.33 nos.) e T8- Bola flutuante @ 1 litro de capacidade (4.00 nos.).

O número máximo de células de pólen foi observado no tratamento T3- Colmeia/armadilha de madeira @ 30x10x10 cm^3 com telhado (57,7 nos.) e foi encontrado a par com T4- Colmeia/armadilha de tubo de PVC @ duas câmaras 20x12 cm^2 e 18x10 cm^2 (45.3 nos.), T2- Colmeia/armadilha de madeira @ 25x15x10 cm^3 (23.7 nos.) e T1- Colmeia/armadilha de madeira @ 20x13x10 cm^3 (21.3 nos.). Foi considerado significativamente superior ao T7- Pote de barro @ 2 litros de capacidade (11.0 nos.), T5- Colmeia/armadilha de tubo de PVC @ 30x12 cm^2 (8.33 nos.), T6- Colmeia/armadilha de bambu @ 1 pé de comprimento (5 nos.) e T8- Bola flutuante @ 1 litro de capacidade (5 nos.).

O tratamento T4- Colmeia/armadilha de tubo de PVC @ duas câmaras 20x12 cm^2 e 18x10 cm^2 registou o número máximo de células de criação (767 nos) e foi considerado significativamente superior ao resto dos tratamentos.

Quadro 4.2: Captura de colónias de abelhas sem ferrão dos seus ninhos naturais em armadilhas artificiais durante o mês de abril de 2023

Tr. No.	Detalhes dos tratamentos	Rainha	Célula de mel	Célula polínica	Célula de criação
Ti	Colmeia/armadilha de madeira @ 20x13x10 cm^3	0.33 (0.88)*	14.3 (3.31)	21.3 (4.03)	48.0 (4.48)
T_2	Colmeia/armadilha de madeira @ 25x15x10 cm^3	0.66 (1.05)	15.7 (3.49)	23.7 (4.23)	211.7 (11.99)
T3	Colmeia/armadilha de madeira @30x10x10 cm^3 com telhado	0.66 (1.05)	11.0 (2-96)	57.7 (7.57)	266.7 (13.58)
T_4	Colmeia/armadilha de tubo de PVC @ duas câmaras 20x12 cm^2 e 18x10 cm^2	1.0 (1.22)	59.7 (7.73)	45.3 (6.76)	767.0 (27.10)
T_5	Colmeia/armadilha em tubo PVC @30x12 cm^2	0.33 (0.88)	5.33 (1.83)	8.33 (2.16)	14.3 (2-67)
T6	Colmeia/armadilha de bambu com 1 pé de comprimento	0.33 (0.88)	6.00 (1.91)	5.00 (1.79)	96.7 (6-15)
T_7	Pote de barro com 2 litros de capacidade	0.66 (1.05)	5.67 (2.23)	11.0 (2.95)	63.7 (6.20)
T_8	Bola flutuante @ 1 litro de capacidade	0.33 (0.88)	4.00 (1.65)	5.00 (1.79)	44.3 (4.32)
SE±		**0.17**	**1.16**	**1.30**	**4.82**
CD @ 5%		**NS**	**3.51**	**3.95**	**14.6**

** (Os valores entre parêntesis são valores transformados pela raiz quadrada (X+0,5))*

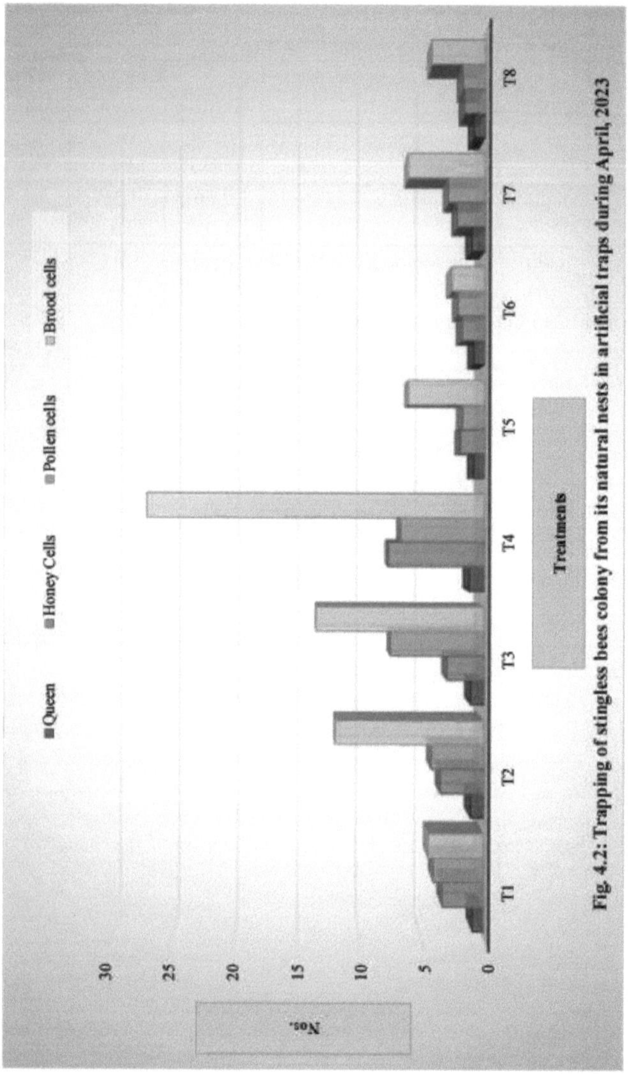

Fig. 4.2: Captura de uma colónia de abelhas sem ferrão dos seus ninhos naturais em armadilhas artificiais durante o mês de abril de 2023

tratamentos *viz*, T2- Colmeia/armadilha de madeira @ 25x15x10 cm^3 (211,7 nos.), T6- Colmeia/armadilha de bambu @ 1 pé de comprimento (96,7 nos.), T7- Pote de terra @ 2 litros de capacidade (63,7 nos.), T1- Colmeia/armadilha de madeira @ 20x13x10 cm^3 (48.0 nos.), T8- Bola flutuante @ 1 litro de capacidade (44.3 nos.) e T5- Colmeia/armadilha de tubo de PVC @ 30x12 cm^2 (14.3 nos.). Foi igual ao tratamento T3- Colmeia/armadilha de madeira @ 30x10x10 cm^3 com telhado (266,7 nos.).

Os dados relativos à captura de colónias de abelhas sem ferrão dos seus ninhos naturais em armadilhas artificiais durante o mês de julho de 2023 são apresentados no Quadro 4.3 e representados graficamente na Fig. 4.3.

Os dados apresentados no quadro 4.3 indicam que o tratamento T4- Colmeia/armadilha de tubo de PVC com duas câmaras 20x12 cm^2 e 18x10 cm^2 foi eficaz para capturar o máximo de rainhas (1,00 nos.) e estava a par com os tratamentos, T1- Colmeia/armadilha de madeira @ 20x13x10 cm^3 , T3- Colmeia/armadilha de madeira @ 30x10x10 cm^3 com telhado, T5- Colmeia/armadilha de tubo de PVC @ 30x12 cm^2, T6- Colmeia/armadilha de bambu @ 1 pé de comprimento e T8- Bola flutuante @ 1 litro de capacidade que registou igual número de rainhas (0,33 nos.). Foi considerado significativamente superior ao T2- Colmeia/armadilha de madeira @ 25x15x10 cm^3 e T7- Pote de terra @ 2 litros de capacidade.

O máximo de células de mel (75 nos.) foi registado em T4- Colmeia/armadilha de tubo de PVC @ duas câmaras 20x12 cm^2 e 18x10 cm^2 que foi significativamente superior ao resto dos tratamentos *viz*, T1- Colmeia/armadilha de madeira @ 20x13x10 cm^3 (14 nos.), T6- Colmeia/armadilha de bambu @ 1 pé de comprimento (9,67 nos.), T5- Colmeia/armadilha de tubo de PVC @ 30x12 cm^2 (9 nos.), T3- Colmeia/armadilha de madeira @ 30x10x10 cm^3 com telhado (7.67 nos.), T8- Bola flutuante @ 1 litro de capacidade (7 nos.), T2- Colmeia/armadilha de madeira @ 25x15x10 cm^3 e T7- Pote de barro @ 2 litros de capacidade.

O tratamento T4- Colmeia/armadilha de tubo de PVC @ duas câmaras 20x12 cm^2 e 18x10 cm^2 registou o máximo de células de pólen (99 nos.). Foi considerado significativamente superior aos tratamentos T3- Colmeia/armadilha de madeira @ 30x10x10 cm^3 com telhado (29 nos.), T5- Colmeia/armadilha de tubo de PVC @ 30x12 cm^2 (17 nos.), T1- Colmeia/armadilha de madeira @ 20x13x10 cm^3 (16 nos.), T6- Colmeia/armadilha de bambu @ 1 pé de comprimento (12 nos.), T8- Bola flutuante @ 1 litro de capacidade (10.3 nos.), T2- Colmeia/armadilha de madeira @ 25x15x10 cm^3 e T7- Pote de barro @ 2 litros de capacidade.

O máximo de células de cria (832 nos.) foi observado em T4- Colmeia/armadilha de tubo de PVC @ duas câmaras 20x12 cm^2 e 18x10 cm^2 e foi considerado significativamente superior ao resto dos tratamentos *viz*, T3- Colmeia/armadilha de madeira @ 30x10x10 cm^3 com telhado (180,7 nos.), T6- Colmeia/armadilha de bambu @ 1 pé de comprimento (121,7 nos.), T8- Bola flutuante @ 1 litro de capacidade (65,3 nos.), T1- Colmeia/armadilha de madeira @ 20x13x10 cm^3 (60.7 nos.), T5- Colmeia/armadilha de tubo de PVC @ 30x12 cm^2 (22.3 nos.), T7- Pote de barro @ 2 litros de capacidade e T2- Colmeia/armadilha de madeira @ 25x15x10.

Tabela 4.3: Captura de colónias de abelhas sem ferrão dos seus ninhos naturais em armadilhas artificiais durante o mês de julho de 2023

Tr. No.	Detalhes dos tratamentos	Rainha	Célula de mel	Célula polínica	Célula de criação
Ti	Colmeia/armadilha de madeira @ 20x13x10 cm^3	0.33 (0.88)*	14.0 (2.65)	16.0 (2.79)	60.7 (4.98)
T_2	Colmeia/armadilha de madeira @ 25x15x10 cm^3	0.0 (0.71)	0.0 (0.71)	0.0 (0.71)	0.0 (0.71)
T3	Colmeia/armadilha de madeira @30x10x10 cm^3 com telhado	0.33 (0.88)	7.67 (2.09)	29.0 (3-59)	180.7 (8.24)
T_4	Colmeia/armadilha de tubo de PVC @ duas câmaras 20x12 cm^2 e 18x10 cm^2	1.0 (1.22)	75.0 (8.68)	99.0 (9.92)	832.0 (28.36)
T_5	Colmeia/armadilha em tubo PVC @30x12 cm^2	0.33 (0.88)	9.00 (2.22)	17.0 (2.87)	22.3 (3.21)
T6	Colmeia/armadilha de bambu com 1 pé de comprimento	0.33 (0.88)	9.67 (2.28)	12.0 (2.49)	121.7 (6.85)
T_7	Pote de barro com 2 litros de capacidade	0.0 (0.71)	0.0 (0.71)	0.0 (0.71)	0.0 (0.71)
T_8	Bola flutuante com capacidade para 1 litro	0.33 (0.88)	7.00 (2.02)	10.3 (2.34)	65.3 (5-15)
SE±		**0.13**	**1.21**	**1.66**	**4.37**
CD @ 5%		**0.40**	**3.67**	**5.04**	**13.3**

* *(Os valores entre parêntesis são valores transformados pela raiz quadrada (X+0,5))*

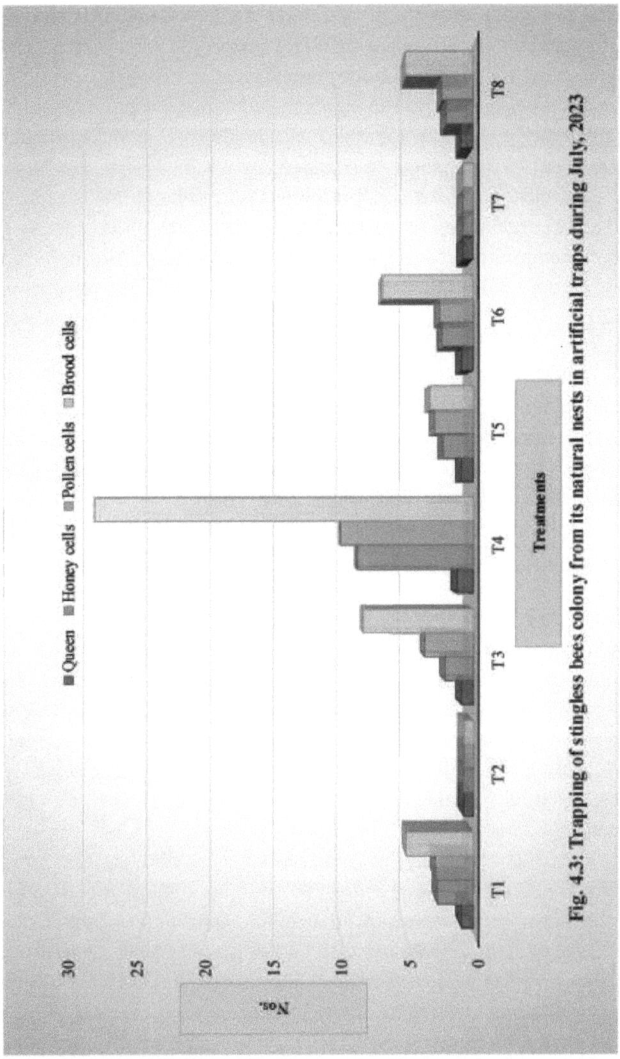

Fig. 4.3: Trapping of stingless bees colony from its natural nests in artificial traps during July, 2023

Fig. 4.3: Captura de uma colónia de abelhas sem ferrão dos seus ninhos naturais em armadilhas artificiais durante o mês de julho de 2023

Os dados médios agrupados relativos à captura de colónias de abelhas sem ferrão dos seus ninhos naturais em armadilhas artificiais durante o período de janeiro-abril-julho de 2023 são apresentados no Quadro 4.4 e representados graficamente na Fig. 4.4.

Os dados agrupados apresentados na Tabela 4.4 mostram que a captura máxima de rainhas foi registada no tratamento T4- Colmeia/armadilha de tubo de PVC @ duas câmaras 20x12 cm^2 e 18x10 cm^2 (1,0 nos.). Seguiram-se os tratamentos *viz,* T3- Colmeia/armadilha de madeira @ 30x10x10 cm^3 com telhado (0,50 nos.), T1- Colmeia/armadilha de madeira @ 20x13x10 cm^3 (0,33 nos.), T2- Colmeia/armadilha de madeira @ 25x15x10 cm^3 (0,33 nos.), T6- Colmeia/armadilha de bambu @ 1 pé de comprimento (0.33 nos.), T8- Bola flutuante @ 1 litro de capacidade (0.33 nos.), T7- Pote de terra @ 2 litros de capacidade (0.25 nos.) e T5- Colmeia/armadilha de tubo de PVC @ 30x12 cm^2 (0.17 nos.). Foram observados resultados não significativos entre os tratamentos.

O tratamento T4- Colmeia/armadilha de tubo de PVC @ duas câmaras 20x12 cm^2 e 18x10 cm^2 registou o número máximo de células de mel (61,1 nos.). Foi considerado significativamente superior aos tratamentos, T1- Colmeia/armadilha de madeira @ 20x13x10 cm^3 (11.5 nos.), T3- Colmeia/armadilha de madeira @ 30x10x10 cm^3 com telhado (7.92 nos.), T6- Colmeia/armadilha de bambu @ 1 ft length (7.51 nos.), T2- Colmeia/armadilha de madeira @ 25x15x10 cm^3 (7.25 nos.), T5- Colmeia/armadilha de tubo de PVC @ 30x12 cm^2 (6.25 nos.), T8- Bola flutuante @ 1 litro de capacidade (5.17 nos.) e T7- Pote de terra @ 2 litros de capacidade (1.92 nos.).

O número máximo de células de pólen foi registado no tratamento T4- Colmeia/armadilha de tubo de PVC @ duas câmaras 20x12 cm^2 e 18x10 cm^2 (68,1 nos.) foi igual ao tratamento T3- Colmeia/armadilha de madeira @ 30x10x10 cm^3 com telhado (40,5 nos.). Foi considerado significativamente superior ao resto dos tratamentos *viz,* T1- Colmeia/armadilha de madeira @ 20x13x10 cm^3 (15 nos.), T5- Colmeia/armadilha de tubo de PVC @ 30x12 cm^2 (11.7 nos.), T2- Colmeia/armadilha de madeira @ 25x15x10 cm^3 (8.34 nos.), T6- Colmeia/armadilha de bambu @ 1 ft length (8.17 nos.), T8- Bola flutuante @ 1 litro de capacidade (7.17 nos.) e T7- Pote de terra @ 2 litros de capacidade (4.25 nos.).

O tratamento T4- Colmeia/armadilha de tubo de PVC @ duas câmaras 20x12 cm^2 e 18x10 cm^2 registou o número máximo de células de criação (752,5 nos.). Foi considerado significativamente superior aos restantes tratamentos, *nomeadamente* T3- Colmeia/armadilha de madeira @ 30x10x10 cm^3 com telhado (199.4 nos.), T6- Colmeia/armadilha de bambu @ 1 ft length (106.3 nos.), T2- Colmeia/armadilha de madeira @ 25x15x10 cm^3 (89.2 nos.), T8- Bola flutuante @ 1 litro de capacidade (51.9 nos.), T1- Colmeia/armadilha de madeira @ 20x13x10 cm^3 (49.1 nos.), T7- Pote de terra @ 2 litros de capacidade (25.9 nos.) e T5- Colmeia/armadilha de tubo PVC @ 30x12 cm^2 (14.8 nos.).

Tabela 4.4: Média agrupada da captura de colónias de abelhas sem ferrão dos seus ninhos naturais em armadilhas artificiais durante o período janeiro-abril-julho de 2023

Tr. No.	Detalhes dos tratamentos	Rainha	Célula de mel	Célula polínica	Célula de criação
Ti	Colmeia/armadilha de madeira @ 20x13x10 cm^3	0.33 (0.88)*	11.5 (2.56)	15.0 (2.93)	49.1 (4.48)
T_2	Colmeia/armadilha de madeira @ 25x15x10 cm^3	0.33 (0.88)	7.25 (2.04)	8.34 (2.12)	89.2 (5-77)
T_3	Colmeia/armadilha de madeira @30x10x10 cm^3 com telhado	0.50 (0.97)	7.92 (2.31)	40.5 (5.39)	199.4 (10.23)
T_4	Colmeia/armadilha de tubo de PVC @ duas câmaras 20x12 cm^2 e 18x10 cm^2	1.0 (1-22)	61.1 (7.73)	68.1 (8.00)	752.5 (26.74)
T_5	Colmeia/armadilha em tubo PVC @30x12 cm^2	0.17 (0.80)	6.25 (1-89)	11.7 (2.40)	14.7 (2.45)
T6	Colmeia/armadilha de bambu com 1 pé de comprimento	0.33 (0.88)	7.51 (2.06)	8.17 (2.IO)	106.3 (6.42)
T_7	Pote de barro com 2 litros de capacidade	0.25 (0.84)	1.92 (1-25)	4.25 (1-57)	25.9 (2.94)
T_8	Bola flutuante @ 1 litro de capacidade	0.33 (0.88)	5.17 (1-79)	7.17 (2.00)	51.9 (4.60)
SE±		**0.15**	**1.13**	**1.40**	**4.45**
CD @ 5%		**NS**	**3.41**	**4.24**	**13.5**

** (Os valores entre parêntesis são valores transformados pela raiz quadrada (X+0,5))*

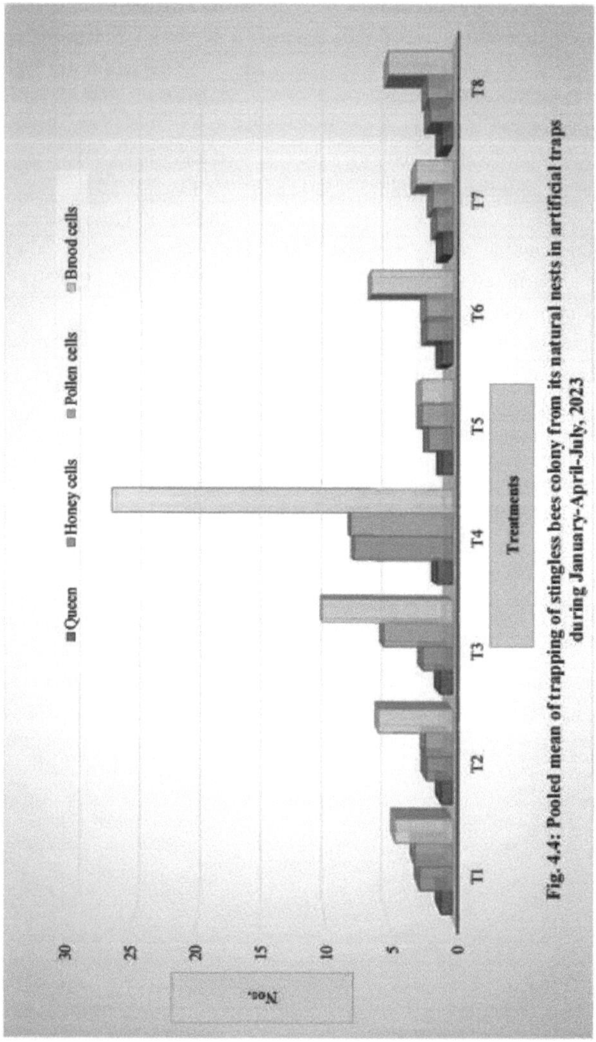

Fig. 4.4: Média combinada da captura de colónias de abelhas sem ferrão dos seus ninhos naturais em armadilhas artificiais durante o período de janeiro-abril-julho de 2023

4.2. Estudar a toxicidade dos insecticidas nas abelhas sem ferrão em condições laboratoriais

A percentagem de mortalidade das abelhas sem ferrão após a aplicação de diferentes insecticidas em condições laboratoriais está representada no quadro 4.5 e na figura 4.5.

Mortalidade das abelhas sem ferrão no 1st dia da pulverização:

Os dados apresentados na Tabela 4.5 indicam que a mortalidade mais baixa das abelhas sem ferrão foi registada no tratamento T8- Controlo não tratado (5,56%). O próximo tratamento mais eficaz, T5- Óleo de Neem 0,5% EC @ 5 ml, registou uma mortalidade mínima (26,1 %) de abelhas sem ferrão e foi considerado significativamente superior aos restantes tratamentos, *nomeadamente* T1- Clorantraniliprole 18.5 SC @ 0,25 ml (43,8 %), T3- Espinetorame 11,7 SC @ 0,9 ml (69,4 %), T2- Benzoato de emamectina 5 SG @ 0,4 g (75,0 %), T6- Lambda-cialotrina 5 EC @ 0,6 ml (82,2 %) e T4- Espinosade 45 SC @ 0,3 ml (84,4 %). A mortalidade máxima das abelhas sem ferrão foi registada em T7- Imidaclopride 17,8 SL @ 0,3 ml (88,8 %).

Mortalidade corrigida :

Os dados apresentados na Tabela 4.5 indicam que a menor mortalidade de abelhas sem ferrão foi registada no tratamento T5- Óleo de Neem 0,5% EC @ 5 ml (20,67%) e foi significativamente superior aos restantes tratamentos *viz.* T1- Chlorantraniliprole 18.5 SC @ 0.25 ml (38.5 %), T3- Spinetoram 11.7 SC @ 0.9 ml (64.2 %), T2- Emamectin benzoate 5 SG @ 0.4 g (69.8 %), T6- Lambda cyhalothrin 5 EC @ 0.6 ml (77.09 %) e T4- Spinosad 45 SC @ 0.3 ml (79.32 %). A mortalidade máxima das abelhas sem ferrão foi registada em T7- Imidaclopride 17,8 SL @ 0,3 ml (83,8 %).

Mortalidade das abelhas sem ferrão no 3rd dia da pulverização:

Os dados no dia 3rd mostraram que o tratamento T8- Controlo não tratado registou uma mortalidade mínima (3,33%) de abelhas sem ferrão. Seguiu-se o tratamento T5- O óleo de Neem 0,5% EC @ 5 ml (12,8%) foi significativamente superior ao T1- Chlorantraniliprole 18,5 SC @ 0,25 ml com (35,6%), T3- Spinetoram 11.7 SC @ 0,9 ml (45,6 %), T2- Benzoato de emamectina 5 SG @ 0,4 g (52,2 %), T7- Imidaclopride 17,8 SL @ 0,3 ml (66,1 %) e T6- Lambda-cialotrina 5 EC @ 0,6 ml (67,2 %). O tratamento T4- Spinosad 45 SC @ 0,3 ml (67,8 %) registou a mortalidade máxima das abelhas sem ferrão.

Mortalidade corrigida :

Os dados no dia 3rd mostraram que o tratamento T5- Óleo de Neem 0,5% EC @ 5 ml registou uma mortalidade mínima (9,77%) de abelhas sem ferrão. Verificou-se que era significativamente superior ao tratamento T1- Clorantraniliprole 18,5 SC @ 0,25 ml com (36,8 %), T3- Spinetoram 11,7 SC @ 0,9 ml (43,7 %), T2- Benzoato de emamectina 5 SG @ 0,4 g (54,0 %), T7- Imidaclopride 17,8 SL @ 0,3 ml (64,9 %) e T6- Lambda cyhalothrin 5 EC @ 0,6 ml (66,1 %). O tratamento T4- Spinosad 45 SC @ 0,3 ml (66,7 %) registou a mortalidade máxima das abelhas sem ferrão.

Quadro 4.5: Toxicidade dos insecticidas para as abelhas sem ferrão em condições laboratoriais

Não há	Tratamento	Formulação	Dose por litro	Percentagem de mortalidade das abelhas sem ferrão							
				Dia 1	**Mortalidade corrigida**	**Dia 3**	**Mortalidade corrigida**	**Dia 7**	**Mortalidade corrigida**	**Dia 10**	**Mortalidade corrigida**
Ti	Clorantraniliprolo	18,5 SC	0,25 ml	43.9 (40.7)*	38.5 (38.4)	35.6 (35.7)	36.8 (37.3)	1.67 (3.48)	0.56 (4.29)	1.67 (4.31)	0.0 (0.71)
T_2	Benzoato de emamectina	5 SG	0.4 g	75.0 (64.9)	69.8 (56.7)	52.2 (46.5)	54.0 (47.3)	18.3 (23.3)	17.4 (24.6)	2.22 (5.76)	0.56 (4.29)
T3	Espinetorama	11.7 SC	0,9 ml	69.4 (61.7)	64.2 (53.3)	45.6 (42.4)	43.7 (41.4)	2.22 (4.92)	1.12 (6.07)	0.56 (1.44)	0.0 (0.71)
T_4	Espinosade	45 SC	0,3 ml	84.4 (74.2)	79.3 (62.9)	67.8 (58.2)	66.7 (54.7)	17.8 (21.5)	16.9 (24.2)	1.11 (2.87)	0.0 (0.71)
T_5	Óleo de neem	0,5% CE	5 ml	26.1 (28.7)	20.7 (27.0)	12.8 (19.1)	9.77 (18.2)	0.56 (1.44)	0.0 (0.71)	0.0 (0.71)	0.0 (0.71)
Te	Lambda-cialotrina	5 CE	0,6 ml	82.2 (71.1)	77.1 (61.4)	67.2 (57.4)	66.1 (54.4)	35.0 (35.5)	34.3 (35.8)	4.44 (9.84)	2.81 (9.65)
T_7	Imidaclopride	17.8 SL	0,3 ml	88.9 (78.3)	83.8 (66.3)	66.1 (55.4)	64.9 (53.7)	38.9 (38.1)	38.2 (38.2)	7.22 (13.5)	5.64 (13.7)
T_8	Controlo não tratado			5.56 (9.16)		3.33 (6.97)		1.11 (2.87)		1.67 (4.31)	
SE±				**3.46**	**1.63**	**2.69**	**1.41**	**2.90**	**0.71**	**3.20**	**0.07**
C.D. @ 5%				**10.4**	**4.90**	**8.05**	**4.22**	**8.71**	**2.14**	**9.60**	**0.20**

**(Os números entre parêntesis são valores de arco-seno)*

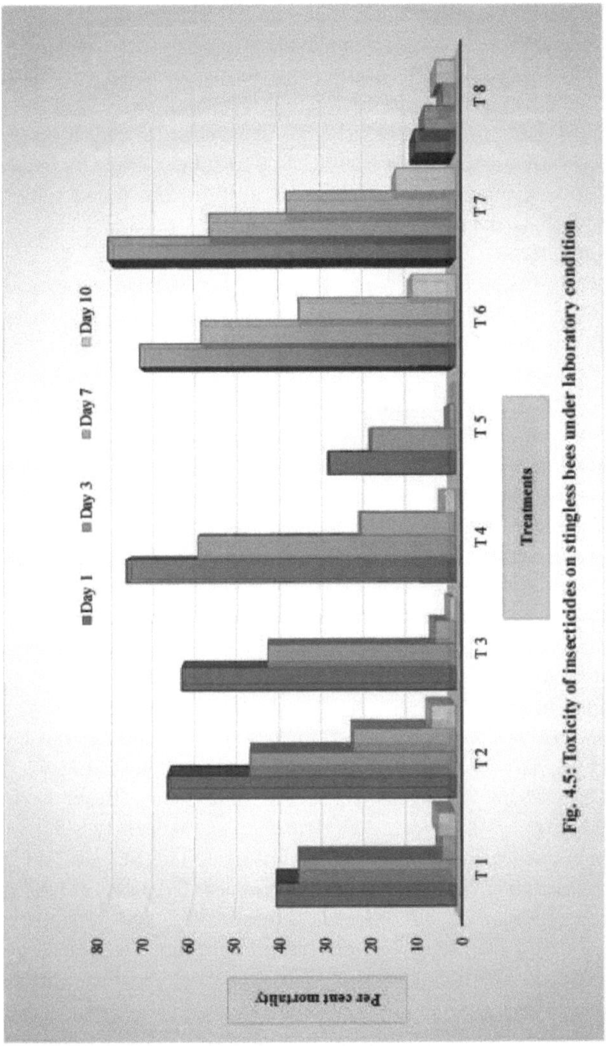

Fig. 4.5: Toxicity of insecticides on stingless bees under laboratory condition

Fig. 4.5: Toxicidade dos insecticidas para as abelhas sem ferrão em condições laboratoriais

Mortalidade das abelhas sem ferrão no 7th dia da pulverização:

Aos 7th dias de pulverização, a menor mortalidade de abelhas sem ferrão foi registada em T5- Óleo de Neem 0,5% EC @ 5 ml (0,56%) foi significativamente superior aos tratamentos T4- Spinosad 45 SC @ 0,3 ml (17,8%), T2- Benzoato de Emamectina 5 SG @ 0,4 g (18,3%) e T6- Lambda cyhalothrin 5 EC @ 0,6 ml (35,0%). Foi igual aos tratamentos *viz.*, T8- Controlo não tratado (1,11%), T1- Clorantraniliprole 18,5 SC @ 0,25 ml (1,67%) e T3- Spinetoram 11,7 SC @ 0,9 ml (2,22%). A mortalidade máxima das abelhas sem ferrão foi registada em T7- Imidaclopride 17,8 SL @ 0,3 ml (38,9 %).

Mortalidade corrigida :

Aos 7th dias de pulverização, não foi registada qualquer mortalidade de abelhas sem ferrão no tratamento T5- Óleo de Neem 0,5% EC @ 5 ml e foi significativamente superior aos tratamentos T4- Spinosad 45 SC @ 0,3 ml (16,9 %), T2- Benzoato de Emamectina 5 SG @ 0,4 g (17,4 %) e T6- Lambda cyhalothrin 5 EC @ 0,6 ml (34,3 %). Foi igual aos tratamentos T1- Chlorantraniliprole 18,5 SC @ 0,25 ml (0,56%) e T3- Spinetoram 11,7 SC @ 0,9 ml (1,12%). A mortalidade máxima das abelhas sem ferrão foi registada no tratamento T7- Imidaclopride 17,8 SL @ 0,3 ml (38,2 %).

Mortalidade das abelhas sem ferrão no dia 10th dia da pulverização:

A mortalidade das abelhas sem ferrão não foi registada no tratamento T5- Óleo de Neem 0,5% EC @ 5 ml e foi encontrada a par com os tratamentos, T3- Spinetoram 11,7 SC @ 0,9 ml (0,56%), T4- Spinosad 45 SC @ 0.3 ml (1,11 %), T1- Clorantraniliprole 18,5 SC @ 0,25 ml (1,67 %), T8- Controlo não tratado (1,67 %), T2- Benzoato de emamectina 5 SG @ 0,4 g (2,22 %) e T6- Lambda-cialotrina 5 EC @ 0,6 ml (4,44 %). Foi considerado significativamente superior ao tratamento T7- Imidaclopride 17,8 SL @ 0,3 ml (7,22 %).

Mortalidade corrigida :

A mortalidade das abelhas sem ferrão não foi registada no tratamento T1- Chlorantraniliprole 18.5 SC @ 0.25 ml, T3- Spinetoram 11.7 SC @ 0.9 ml, T4- Spinosad 45 SC @ 0.3 ml e T5- Neem oil 0.5% EC @ 5 ml. Foi seguido pelos tratamentos *viz.*, T2- Benzoato de emamectina 5 SG @ 0,4 g (0,56%) e T6- Lambda cyhalothrin 5 EC @ 0,6 ml (2,81%). Foi considerado significativamente superior ao tratamento T7- Imidaclopride 17,8 SL @ 0,3 ml (5,64%).

4.3. **Estudar o impacto dos insecticidas nas abelhas sem ferrão em condições de campo**

Os dados relativos ao impacto dos insecticidas nas abelhas sem ferrão, em condições de campo, a 1st , 3rd , 5th , 7th , 10th e 14th dias após a primeira e a segunda pulverização são apresentados no Quadro 4.6 e no Quadro 4.7 e representados graficamente na Fig. 4.6 e na Fig. 4.7.

Quadro 4.6: Impacto dos diferentes insecticidas nas abelhas sem ferrão, em condições de campo, após a primeira pulverização

Tr. Não.	Tratamento	Formulário	Dose por litro	Visitas das abelhas sem ferrão/planta/5 min							
				Pré-contagem	IDAS *	3DAS	5DAS	7DAS	10DAS	14DAS	Média DAS
Ti	Clorantraniliprolo	18,5 SC	0,25 ml	2.47 (1.86)**	2.27 (1.81)	2.13 (1-77)	2.67 (1.91)	2.60 (1.90)	2.27 (1.81)	2.60 (190)	2.42 (1.85)
T_2	Benzoato de emamectina	5 SG	0.4 g	2.40 (1.84)	1.27 (1.51)	1.47 (1-57)	1.53 (159)	2.47 (1.86)	2.60 (190)	2.27 (1.81)	1.94 (171)
T_3	Spinetoram	11.7 SC	0,9 ml	2.47 (1.86)	1.67 (1.63)	1.87 (1.69)	2.27 (1.81)	2.60 (1.90)	2.33 (1.83)	2.33 (1.83)	2.18 (1.78)
T_4	Espinosade	45 SC	0,3 ml	2.40 (1.84)	1.53 (1.59)	0.87 (1.37)	1.60 (1.61)	1.93 (171)	1.87 (1.69)	2.40 (1.84)	1.70 (1.63)
T_5	Óleo de neem	0,5% CE	5 ml	2.67 (1.91)	2.20 (1.79)	2.27 (1.81)	2.73 (1.93)	2.80 (1.95)	2.53 (1.88)	2.67 (191)	2.53 (1.88)
T6	Lambda-cialotrina	5 CE	0,6 ml	2.60 (1.90)	2.07 (1-75)	0.73 (1.32)	1.93 (171)	2.13 (1-77)	2.33 (1.83)	2.47 (1.86)	1.94 (171)
T_7	Imidaclopride	17.8 SL	0,3 ml	2.53 (1.88)	1.67 (1.63)	0.47 (1.21)	1.80 (1.67)	2.20 (179)	2.07 (1-75)	1.73 (1.65)	1.66 (1.62)
T_8	Controlo não tratado			2.60 (1.90)	2.73 (1.93)	2.67 (1.91)	2.73 (1.93)	2.67 (191)	2.73 (193)	2.67 (191)	2.73 (1.92)
SE±				**0.08**	**0.03**	**0.03**	**0.02**	**0.03**	**0.03**	**0.02**	**0.03**
C.D @ 5%				**NS**	**0.10**	**0.08**	**0.05**	**0.08**	**0.08**	**0.06**	**0.08**

* Dias após a pulverização

** *(Os valores entre parêntesis são valores transformados em raiz quadrada (X+1))*

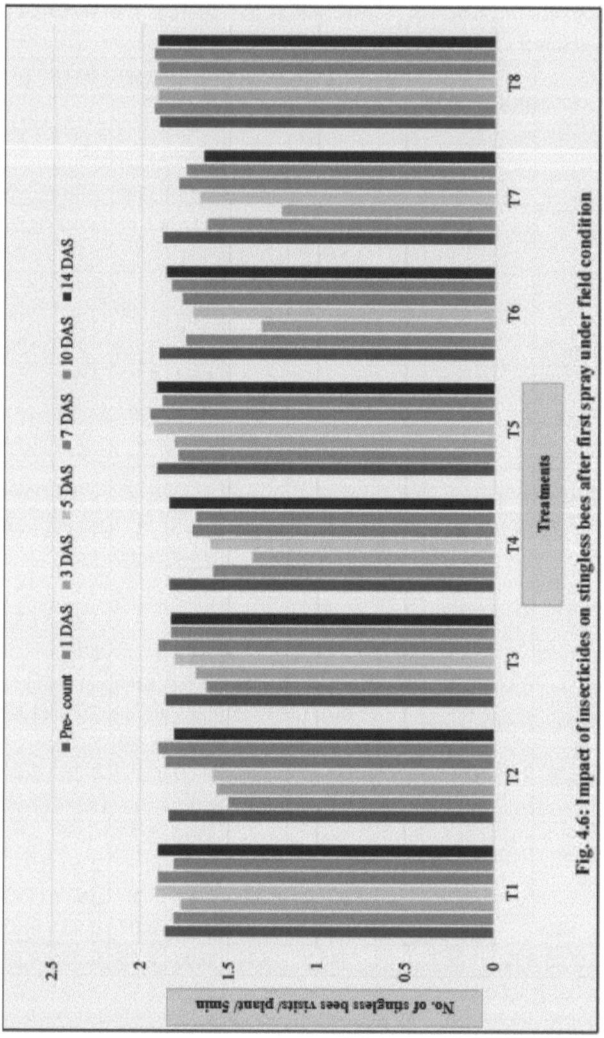

Fig. 4.6: Impacto dos insecticidas nas abelhas sem ferrão após a primeira pulverização em condições de campo

Quadro 4.7: Impacto dos diferentes insecticidas nas abelhas sem ferrão, em condições de campo, após a segunda pulverização

Tr. No.	Tratamento	Formulário	Dose por litro	Visitas das abelhas sem ferrão/planta/5 min						
				IDAS*	3DAS	5DAS	7DAS	10DAS	14DAS	Média DAS
Ti	Clorantraniliprolo	18,5 SC	0,25 ml	1.87 (1.69)	2.53 (1.88)	2.80 (1.95)	2.33 (1.83)	2.73 (1.93)	2.53 (1.88)	2.47 (1.86)
T_2	Benzoato de emamectina	5 SG	0.4 g	1.27 (1.51)	1.53 (1.59)	1.67 (1.63)	2.07 (1-75)	2.27 (1.81)	2.47 (1.86)	1.88 (1.69)
T3	Espinetorama	11.7 SC	0,9 ml	1.53 (1.59)	1.87 (1.69)	2.47 (1.86)	2.53 (1.88)	2.67 (1.91)	2.53 (1.88)	2.27 (1.80)
T_4	Espinosade	45 SC	0,3 ml	1.27 (1.51)	1.20 (1.48)	1.67 (1.63)	1.73 (1.65)	2.07 (1-75)	1.87 (1.69)	1.64 (1.62)
T_5	Óleo de neem	0,5% CE	5 ml	2.00 (1.73)	2.00 (1.73)	2.40 (1.84)	2.67 (1.91)	2.67 (1.91)	2.67 (1.91)	2.40 (1.84)
T6	Lambda-cialotrina	5 CE	0,6 ml	1.63 (1.62)	0.87 (1.37)	1.80 (1.67)	1.87 (1.69)	2.13 (1-77)	2.53 (1.88)	1.81 (1.67)
T7	Imidaclopride	17.8 SL	0,3 ml	1.87 (1.69)	0.53 (1.24)	2.00 (1.73)	2.27 (1.81)	2.40 (1.84)	2.27 (1.81)	1.89 (1.69)
T_8	Controlo não tratado			2.87 (1.97)	2.73 (1.93)	2.73 (1.93)	2.87 (1.97)	2.87 (1.97)	2.67 (1.91)	2.79 (1.95)
SE±				**0.02**	**0.02**	**0.02**	**0.02**	**0.02**	**0.02**	**0.02**
C.D @ 5%				**0.06**	**0.07**	**0.07**	**0.07**	**0.07**	**0.07**	**0.07**

* Dias após a pulverização

** *(Os valores entre parêntesis são valores transformados em raiz quadrada (X+1))*

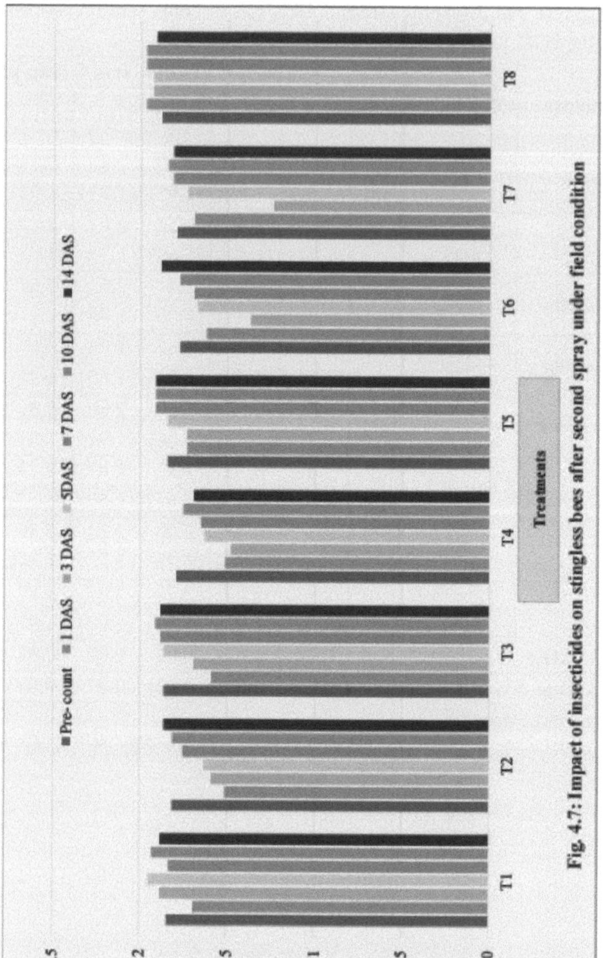

Fig. 4.7: Impact of insecticides on stingless bees after second spray under field condition

Fig. 4.7: Impacto dos insecticidas nas abelhas sem ferrão após a segunda pulverização em condições de campo

Pré-contagem

Os dados registados sobre o número de visitas das abelhas sem ferrão um dia antes da pulverização variaram entre 2,40 e 2,67 abelhas por cada cinco minutos. O número de visitas de abelhas sem ferrão à flor de quiabo entre os diferentes tratamentos não apresentou relações significativas 24 horas antes da aplicação dos tratamentos.

Primeiro spray:

Os dados registados no primeiro dia após a pulverização de insecticidas revelaram que a visita máxima de abelhas foi registada no tratamento T 8 - Controlo não tratado (2,73 abelhas/planta/ 5min). O próximo tratamento eficaz foi o T1- Chlorantraniliprole 18.5 SC @ 0.25 ml (2.27 abelhas/ 5 min) e foi igual aos tratamentos, T5- Neem oil 0.5% EC @ 5 ml (2.20 abelhas/ planta/ 5min) e T 6- Lambda cyhalothrin 5 EC @ 0.6 ml (2.07 abelhas/ planta/ 5min). Foi significativamente superior aos tratamentos T 3- Spinetoram 11.7 SC @ 0.9 ml (1.67 abelhas/planta/ 5min), T7- Imidacloprid 17.8 SL @ 0.3 ml (1.67 abelhas/planta/ 5min), T 4- Spinosad 45 SC @ 0.3 ml (1.53 abelhas/planta/ 5min) e T 2- Emamectin benzoate 5 SG @ 0.4 g (1.27 abelhas/planta/ 5min).

No terceiro dia após a pulverização dos insecticidas, a visitação das abelhas sem ferrão varia entre 0,47 e 2,67 abelhas por cada cinco minutos. A visitação máxima de abelhas foi registada no tratamento T 8- Controlo não tratado (2,67 abelhas/planta/ 5min). O próximo melhor tratamento foi o T 5- Óleo de Neem 0,5% EC @ 5 ml (2,27 abelhas/planta/ 5min) e foi igual ao tratamento T 1- Clorantraniliprole 18,5 SC @ 0,25 ml (2,13 abelhas/planta/ 5min). Foi considerado significativamente superior ao resto dos tratamentos *viz*, T 3- Spinetoram 11.7 SC @ 0.9 ml (1.87 abelhas/planta/ 5min), T2- Benzoato de emamectina 5 SG @ 0.4 g (1.47 abelhas/planta/ 5min), T 4- Spinosad 45 SC @ 0.3 ml (0.87 abelhas/planta/ 5min), T 6- Lambda cyhalothrin 5 EC @ 0,6 ml (0,73 abelhas/planta/ 5min) e T 7- Imidacloprid 17,8 SL @ 0,3 ml (0,47 abelhas/planta/ 5min).

As observações do número de visitas de abelhas sem ferrão registadas no quinto dia após a primeira pulverização de insecticidas revelaram que o menor número de visitas de abelhas foi registado no tratamento T 2- Benzoato de emamectina 5 SG @ 0,4 g (1,53 abelhas/planta/ 5min). Nos tratamentos T 5- Óleo de Neem 0,5% EC @ 5 ml (2,73 abelhas/planta/ 5min) e T 8- Controlo sem tratamento (2,73 abelhas/planta/ 5min) foram observadas visitas máximas de abelhas e foram iguais ao tratamento T 1- Clorantraniliprole 18,5 SC @ 0,25 ml (2,67 abelhas/planta/ 5min). Estes foram significativamente superiores aos tratamentos, T 3- Spinetoram 11.7 SC @ 0.9 ml (2.27 abelhas/planta/ 5min), T 6- Lambda cyhalothrin 5 EC @ 0.6 ml (1.93 abelhas/planta/ 5min), T 7- Imidacloprid 17.8 SL @ 0.3 ml (1.80 abelhas/planta/ 5min) e T 4- Spinosad 45 SC @ 0.3 ml (1.60 abelhas/planta/ 5min).

Os dados registados no sétimo dia após a pulverização de insecticidas mostraram que o tratamento T 5- Óleo de Neem 0,5% EC @ 5 ml registou o máximo de visitas de abelhas sem ferrão (2.80 abelhas/planta/ 5min) e foi igual ao tratamento T 8- Controlo não tratado (2,67 abelhas/planta/ 5min), T 1- Clorantraniliprole 18,5 SC @ 0,25 ml (2,60 abelhas/planta/ 5min) e T 3- Spinetoram 11,7 SC @ 0,9 ml (2,60 abelhas/planta/ 5min). Verificou-se que era significativamente superior aos tratamentos *viz*., T 2- Benzoato de emamectina 5 SG @ 0,4 g (2,47 abelhas/planta/ 5min), T 7- Imidaclopride 17,8 SL @ 0,3 ml (2,20 abelhas/planta/ 5min), T 6- Lambda cialotrina 5 EC @ 0,6 ml (2,13 abelhas/planta/ 5min) e T 4- Espinosade 45 SC @ 0,3 ml (1,93 abelhas/planta/ 5min).

No décimo dia após a pulverização dos insecticidas, a visitação das abelhas sem ferrão varia entre 1,87 e 2,73 abelhas por cinco minutos. Os tratamentos T 2- Benzoato de emamectina 5

SG @ 0,4 g (2,60 abelhas/planta/ 5min) e T 5- Óleo de neem 0,5% EC @ 5 ml (2,53 abelhas/planta/ 5min) foram considerados estatisticamente iguais ao tratamento T 8- Controlo não tratado (2,73 abelhas/planta/ 5min), que registou o máximo de visitas de abelhas. Foi considerado significativamente superior aos tratamentos T 3- Spinetoram 11.7 SC @ 0.9 ml (2.33 abelhas/ planta/ 5min), T 6- Lambda cyhalothrin 5 EC @ 0.6 ml (2.33 abelhas/ planta/ 5min), T 1- Chlorantraniliprole 18.5 SC @ 0,25 ml (2,27 abelhas/planta/ 5min), T 7- Imidaclopride 17,8 SL @ 0,3 ml (2,07 abelhas/planta/ 5min) e T 4- Espinosade 45 SC @ 0,3 ml (1,87 abelhas/planta/ 5min).

As observações do número de visitas de abelhas sem ferrão registadas no décimo quarto dia após a primeira pulverização de insecticidas revelaram que o menor número de visitas de abelhas foi registado no tratamento T 7- Imidaclopride 17,8 SL @ 0,3 ml @ 0,4 g (1,73 abelhas/planta/ 5min). Os tratamentos T 5- Óleo de Neem 0,5% EC @ 5 ml e T 8- Controlo sem tratamento registaram o máximo de visitas de abelhas (2,67 abelhas/planta/ 5min) e foram considerados significativamente superiores aos tratamentos T 4- Spinosad 45 SC @ 0,3 ml (2,40 abelhas/planta/ 5min), T 3- Spinetoram 11,7 SC @ 0,9 ml (2,33 abelhas/planta/ 5min) e T 2- Benzoato de Emamectina 5 SG @ 0,4 g (2,27 abelhas/planta/ 5min). Estes foram iguais aos tratamentos, T 1- Chlorantraniliprole 18.5 SC @ 0.25 ml (2.60 abelhas/planta/ 5min) e T 6- Lambda cyhalothrin 5 EC @ 0.6 ml (2.47 abelhas/planta/ 5min).

Segundo spray:

Os dados registados no primeiro dia após a pulverização de insecticidas revelaram que o máximo de visitas de abelhas foi registado no tratamento T 8 - Controlo não tratado (2,87 abelhas/planta/ 5min). O melhor tratamento seguinte, T 5- Óleo de Neem 0,5% EC @ 5 ml (2 abelhas/ 5 min), foi estatisticamente igual ao tratamento T 1- Clorantraniliprole 18,5 SC @ 0,25 ml (1,87 abelhas/planta/ 5min) e T 7- Imidaclopride 17,8 SL @ 0,3 ml (1,87 abelhas/planta/ 5min). Foi significativamente superior aos tratamentos T 6- Lambda cyhalothrin 5 EC @ 0.6 ml (1.63 abelhas/planta/ 5min), T 3- Spinetoram 11.7 SC @ 0.9 ml (1.53 abelhas/planta/ 5min), T 4- Spinosad 45 SC @ 0.3 ml (1.27 abelhas/planta/ 5min) e T 2- Emamectin benzoate 5 SG @ 0.4 g (1.27 abelhas/planta/ 5min).

No terceiro dia após a pulverização dos insecticidas, a visitação das abelhas sem ferrão varia entre 0,53 e 2,73 abelhas por cada cinco minutos. A visitação máxima de abelhas foi registada no tratamento T 8- Controlo não tratado (2,73 abelhas/planta/ 5min) foi estatisticamente igual ao tratamento T 1- Clorantraniliprole 18,5 SC @ 0,25 ml (2,53 abelhas/planta/ 5min). Foi significativamente superior aos tratamentos, T 5- Óleo de Neem 0,5% EC @ 5 ml (2 abelhas/planta/ 5min), T 3- Spinetoram 11,7 SC @ 0,9 ml (1,87 abelhas/planta/ 5min), T 2- Benzoato de Emamectina 5 SG @ 0,4 g (1.53 abelhas/planta/ 5min), T 4- Espinosade 45 SC @ 0,3 ml (1,20 abelhas/planta/ 5min), T6- Lambda-cialotrina 5 EC @ 0,6 ml (0,87 abelhas/planta/ 5min) e T7- Imidaclopride 17,8 SL @ 0,3 ml (0,53 abelhas/planta/ 5min).

As observações do número de visitas de abelhas sem ferrão registadas no quinto dia após a segunda pulverização de insecticidas revelaram que o menor número de visitas de abelhas foi registado nos tratamentos T 2- Benzoato de emamectina 5 SG @ 0,4 g (1,67 abelhas/planta/ 5min) e T4- Spinosad 45 SC @ 0,3 ml (1,67 abelhas/planta/ 5min). As visitas máximas de abelhas foram observadas no tratamento T1- Chlorantraniliprole 18.5 SC @ 0.25 ml (2.80 abelhas/planta/ 5min) foi igual ao tratamento T 8- Controlo não tratado (2.73 abelhas/planta/ 5min). Foi significativamente superior ao resto dos tratamentos *viz.*, T3- Spinetoram 11.7 SC @ 0.9 ml (2.47 abelhas/planta/ 5min), T 5- Neem oil 0.5% EC @ 5 ml (2.40 abelhas/planta/ 5min), T7- Imidacloprid 17.8 SL @ 0.3 ml (2 abelhas/planta/ 5min) e T6- Lambda cyhalothrin 5

EC @ 0.6 ml (1.80 abelhas/planta/ 5min).

Os dados registados no sétimo dia após a pulverização de insecticidas mostraram que o tratamento T 8- Controlo sem tratamento foi observado (2,87 abelhas/planta/ 5min) estava a par com o tratamento T5- Óleo de Neem 0,5% EC @ 5 ml (2,67 abelhas/planta/ 5min). Foi considerado significativamente superior aos tratamentos *viz*, T3- Spinetoram 11.7 SC @ 0.9 ml (2.53 abelhas/planta/ 5min), T1- Chlorantraniliprole 18.5 SC @ 0.25 ml (2.33 abelhas/planta/ 5min), T7- Imidacloprid 17.8 SL @ 0.3 ml (2.27 abelhas/planta/ 5min), T2- Benzoato de emamectina 5 SG @ 0,4 g (2,07 abelhas/planta/ 5min), T6- Lambda cyhalothrin 5 EC @ 0,6 ml (1,87 abelhas/planta/ 5min) e T4- Spinosad 45 SC @ 0,3 ml (1,73 abelhas/planta/ 5min).

No décimo dia após a pulverização dos insecticidas, a visitação das abelhas sem ferrão varia entre 2,07 e 2,87 abelhas por cada cinco minutos. A visitação máxima de abelhas foi registada no tratamento T 8- Controlo não tratado (2,87 abelhas/planta/ 5min), que foi considerado significativamente superior aos tratamentos *viz*, T 7- Imidaclopride 17.8 SL @ 0.3 ml (2.40 abelhas/planta/ 5min), T 2- Benzoato de emamectina 5 SG @ 0.4 g (2.27 abelhas/planta/ 5min), T6- Lambda cyhalothrin 5 EC @ 0.6 ml (2.13 abelhas/planta/ 5min) e T 4- Spinosad 45 SC @ 0.3 ml (2.07 abelhas/planta/ 5min). O próximo melhor tratamento foi o T 1- Chlorantraniliprole 18.5 SC @ 0.25 ml (2.73 abelhas/planta/ 5min) foi igual ao tratamento T 3- Spinetoram 11.7 SC @ 0.9 ml e T 5- Neem oil 0.5% EC @ 5 ml (2.67 abelhas/planta/ 5min).

As observações do número de visitas de abelhas sem ferrão registadas no décimo quarto dia após a segunda pulverização de insecticidas revelaram que o menor número de visitas de abelhas foi registado no tratamento T 4- Spinosad 45 SC @ 0,3 ml (1,87 abelhas/planta/ 5min). Os tratamentos T 5- Óleo de Neem 0,5% EC @ 5 ml (2,67 abelhas/planta/ 5min) e T 8- Controle sem tratamento (2,67 abelhas/planta/ 5min) registraram o máximo de visitas de abelhas e foram iguais aos tratamentos T 1- Clorantraniliprole 18.5 SC @ 0.25 ml (2.53 abelhas/planta/ 5min), T 3- Spinetoram 11.7 SC @ 0.9 ml (2.53 abelhas/planta/ 5min), T 6- Lambda cyhalothrin 5 EC @ 0.6 ml (2.53 abelhas/planta/ 5min) e T 2- Emamectin benzoate 5 SG @ 0.4 g (2.47 abelhas/planta/ 5min). Estes tratamentos foram significativamente superiores ao tratamento T 7- Imidaclopride 17,8 SL @ 0,3 ml @ 0,4 g (2,27 abelhas/ planta/ 5 min).

Os dados relativos ao impacto dos insecticidas em *Apis cerana indica* em condições de campo a 1st , 3rd , 5th , 7th , 10th e 14th dias após a primeira e a segunda pulverização são apresentados no Quadro 4.8 e no Quadro 4.9 e representados graficamente na Fig. 4.8 e na Fig. 4.9.

Pré-contagem

Os dados registados sobre o número de visitas de *Apis cerana indica* um dia antes da primeira pulverização variaram entre 0,53 e 0,73 abelhas por cada cinco minutos. O número de visitas de *Apis cerana indica* nas flores de quiabo entre os diferentes tratamentos não apresentou relações significativas 24 horas antes da aplicação dos tratamentos.

Primeiro spray:

Os dados registados no primeiro dia após a pulverização de insecticidas revelaram que o máximo de visitas de abelhas foi registado no tratamento T 8- Controlo não tratado (0,73 abelhas/planta/ 5min), que foi considerado significativamente superior aos tratamentos, T 3- Spinetoram 11,7 SC @ 0,9 ml (0,47 abelhas/planta/ 5min), T5- Óleo de Neem 0.5% EC @ 5 ml (0,27 abelhas/planta/ 5min), T 2- Benzoato de emamectina 5 SG @ 0,4 g (0,20 abelhas/planta/ 5min), T 6- Lambda cyhalothrin 5 EC @ 0,6 ml (0.20 abelhas/planta/ 5min), T 7- Imidaclopride 17.8 SL @ 0.3 ml (0.13 abelhas/planta/ 5min) e T 4- Espinosade 45 SC @

0.3 ml (0.07 abelhas/planta/ 5min). Foi igual ao tratamento T1- Chlorantraniliprole 18.5 SC @ 0.25 ml (0.53 abelhas/ 5 min).

No terceiro dia após a pulverização dos insecticidas, a visitação de *Apis cerana indica* varia entre 0,13 e 0,87 abelhas por cada cinco minutos. As visitas máximas de abelhas foram observadas no tratamento T 1- Clorantraniliprole 18,5 SC @ 0,25 ml (0,87 abelhas/planta/ 5min) e foi igual ao tratamento *viz.*, T 8- Controlo não tratado (0,80 abelhas/planta/ 5min), T 3- Spinetoram 11,7 SC @ 0,9 ml (0,53 abelhas/planta/ 5min) e T 5- Óleo de Neem 0,5% EC @ 5 ml (0,53 abelhas/planta/ 5min). Verificou-se que era significativamente superior aos tratamentos, T 2- Benzoato de emamectina 5 SG @ 0,4 g (0,40 abelhas/planta/ 5min), T 4- Espinosade 45 SC @ 0,3 ml (0,33 abelhas/planta/ 5min), T 7- Imidaclopride 17,8 SL @ 0,3 ml (0,27 abelhas/planta/ 5min) e T 6- Lambda cyhalothrin 5 EC @ 0,6 ml (0,13 abelhas/planta/ 5min).

As observações do número de visitas de *Apis cerana indica* registadas no quinto dia após a primeira pulverização de insecticidas revelaram que o menor número de visitas de abelhas foi registado no tratamento T 4- Espinosade

Quadro 4.8: Impacto de diferentes insecticidas em *A. cerana indica* em condições de campo após a primeira pulverização

Tr. Não.	Tratamento	Formulário	Dose por litro	*A. cerana indica* visitas/planta/5 min							
				Pré-contagem	IDAS*	3DAS	5DAS	7DAS	10DAS	14DAS	Média DAS
Ti	Clorantraniliprolo	18,5 SC	0,25 ml	0.67 (1.29)**	0.53 (1-24)	0.87 (1-36)	0.67 (1-29)	0.67 (1-29)	0.53 (1-24)	0.60 (1.26)	0.65 (1-28)
T_2	Benzoato de emamectina	5 SG	0.4 g	0.53 (1-24)	0.20 (1.IO)	0.40 (1-18)	0.47 (1-21)	0.87 (1-37)	0.47 (1-21)	0.40 (1-18)	0.47 (1-21)
T_3	Espinetorama	11.7 SC	0,9 ml	0.67 (1-29)	0.47 (1-21)	0.53 (1-24)	0.60 (1-26)	0.53 (1-24)	0.53 (1-24)	0.53 (1-23)	0.53 (1-24)
T_4	Espinosade	45 SC	0,3 ml	0.53 (1-24)	0.07 (1-03)	0.33 (1.15)	0.27 (1-12)	0.40 (1-18)	0.53 (1-24)	0.40 (1-18)	0.33 (1.15)
T_5	Óleo de neem	0,5% CE	5 ml	0.73 (1-32)	0.27 (1-12)	0.53 (1-24)	0.73 (1-32)	0.67 (1-29)	0.80 (1-34)	0.53 (1-24)	0.59 (1-26)
T_6	Lambda-cialotrina	5 CE	0,6 ml	0.60 (1.26)	0.20 (1.IO)	0.13 (1.06)	0.47 (1-21)	0.60 (1-26)	0.53 (1-24)	1.00 (1.41)	0.49 (1-21)
T_7	Imidaclopride	17.8 SL	0,3 ml	0.53 (1-24)	0.13 (1.06)	0.27 (1-12)	0.40 (1-18)	0.47 (1-21)	0.40 (1-18)	0.47 (1-21)	0.36 (1.16)
T_8	Controlo não tratado			0.73 (1-32)	0.73 (1-32)	0.80 (1-34)	0.73 (1-32)	0.87 (1-36)	0.80 (1-34)	1.00 (1-41)	0.82 (1-35)
SE±				**0.10**	**0.03**	**0.04**	**0.03**	**0.04**	**0.03**	**0.06**	**0.04**
C.D @ 5%				**NS**	**0.09**	**0.13**	**0.08**	**0.11**	**0.10**	**0.17**	**0.11**

* Dias após a pulverização

** *(Os valores entre parêntesis são valores transformados em raiz quadrada (X+1))*

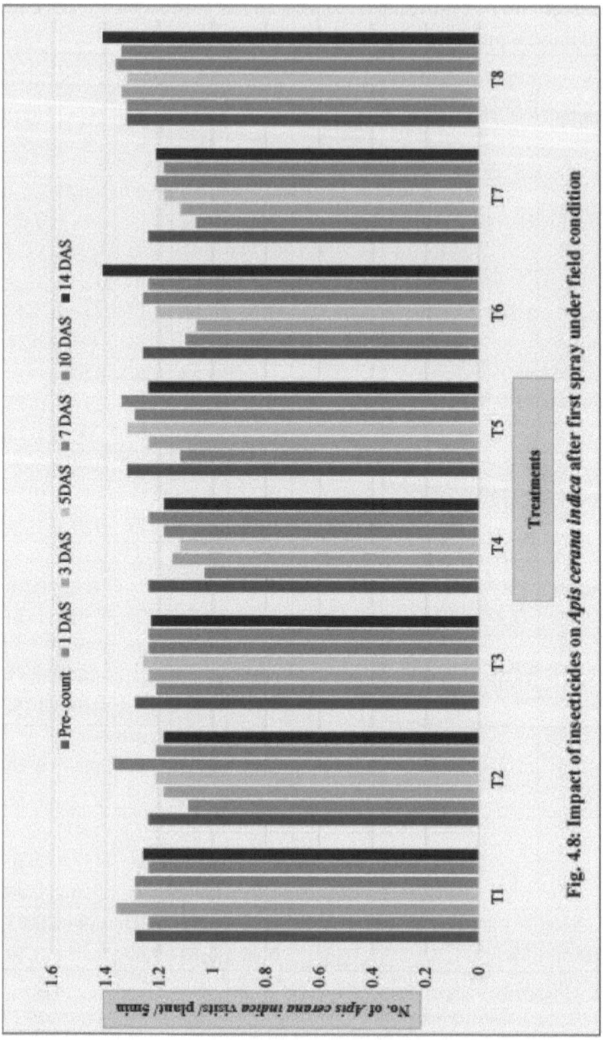

Fig. 4.8: Impacto dos insecticidas em *Apis cerana indica* após a primeira pulverização em condições de campo

Quadro 4.9: Impacto de diferentes insecticidas em *A. cerana indica* em condições de campo após a segunda pulverização

Tr. No.	Tratamento	Formulário	Dose por litro	*A. cerana indica* visitas/planta/5 min						
				IDAS*	3DAS	5DAS	7DAS	10DAS	14DAS	Média DAS
Ti	Clorantraniliprolo	18,5 SC	0,25 ml	0.40 (1-18)	0.67 (1-29)	0.73 (1-32)	0.60 (1.26)	0.60 (1.26)	0.73 (1-32)	0.62 (1-27)
T_2	Benzoato de emamectina	5 SG	0.4 g	0.20 (1.Ю)	0.47 (1-21)	0.53 (1-24)	0.67 (1-29)	0.53 (1-24)	0.60 (1.26)	0.5 (1-22)
T_3	Espinetorama	11.7 SC	0,9 ml	0.53 (1-24)	0.53 (1-24)	0.73 (1-32)	0.47 (1-21)	0.47 (1-21)	0.67 (1-29)	0.57 (1-25)
T_4	Espinosade	45 SC	0,3 ml	0.33 (1.15)	0.27 (1-12)	0.47 (1-21)	0.73 (1-32)	0.47 (1-21)	0.40 (1-18)	0.45 (1-20)
T_5	Óleo de neem	0,5% CE	5 ml	0.53 (1-24)	0.47 (1-21)	0.67 (1-29)	0.47 (1-21)	0.67 (1-29)	0.73 (1-32)	0.59 (1-26)
T_6	Lambda-cialotrina	5 CE	0,6 ml	0.33 (1.15)	0.20 (1.Ю)	0.60 (1-26)	0.40 (1-18)	0.47 (1-21)	0.60 (1.26)	0.43 (1.19)
T7	Imidaclopride	17.8 SL	0,3 ml	0.27 (1-12)	0.20 (1.Ю)	0.47 (1-21)	0.67 (1-29)	0.73 (1-32)	0.47 (1-21)	0.47 (1-21)
T_8	Controlo não tratado			0.80 (1-34)	0.80 (1-34)	0.73 (1-32)	0.73 (1-32)	0.73 (1-32)	0.80 (1-34)	0.77 (1-33)
SE±				**0.03**	**0.03**	**0.03**	**0.03**	**0.03**	**0.03**	**0.03**
C.D @ 5%				**0.10**	**0.09**	**0.07**	**0.09**	**0.08**	**0.10**	**0.09**

* Dias após a pulverização

*** (Os valores entre parêntesis são valores transformados em raiz quadrada (X+1))*

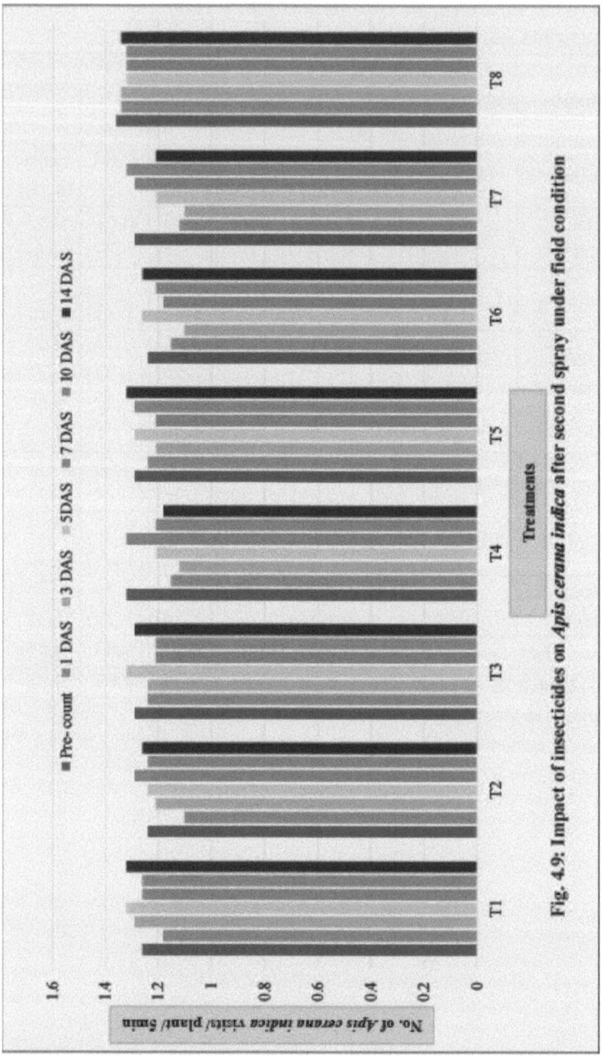

Fig. 4.9: Impacto dos insecticidas em *Apis cerana indica* após a segunda pulverização em condições de campo

45 SC @ 0,3 ml (0,27 abelhas/planta/ 5min). No tratamento T 5- Óleo de Neem 0,5% EC @ 5 ml e T 8- Controlo sem tratamento (0,73 abelhas/planta/ 5min) verificou-se um máximo de visitas de abelhas. Foi considerado significativamente superior ao T 2- Benzoato de emamectina 5 SG @ 0,4 g (0,47 abelhas/planta/ 5min), T 6- Lambda cyhalothrin 5 EC @ 0,6 ml (0,47 abelhas/planta/ 5min) e T 7- Imidacloprid 17,8 SL @ 0,3 ml (0,40 abelhas/planta/ 5min). Estes foram iguais aos tratamentos, T 1- Clorantraniliprole 18,5 SC @ 0,25 ml (0,67 abelhas/planta/ 5min) e T 3- Spinetoram 11,7 SC @ 0,9 ml (0,60 abelhas/planta/ 5min).

Os dados registados no sétimo dia após a pulverização dos insecticidas mostraram que as visitas máximas das abelhas foram registadas nos tratamentos T 2- Benzoato de emamectina 5 SG @ 0,4 g e T 8- Controlo não tratado (0,87 abelhas/planta/ 5min) e foram iguais aos tratamentos *viz*, T 1- Chlorantraniliprole 18.5 SC @ 0.25 ml (0.67 abelhas/planta/ 5min), T 5- Neem oil 0.5% EC @ 5 ml (0.67 abelhas/planta/ 5min) e T 6- Lambda cyhalothrin 5 EC @ 0.6 ml (0.60 abelhas/planta/ 5min). Estes foram considerados significativamente superiores aos tratamentos, T 3- Spinetoram 11.7 SC @ 0.9 ml (0.53 abelhas/planta/ 5min), T 7- Imidacloprid 17.8 SL @ 0.3 ml (0.47 abelhas/planta/ 5min) e T 4- Spinosad 45 SC @ 0.3 ml (0.40 abelhas/planta/ 5min).

No décimo dia após a pulverização de insecticidas, a visitação de *Apis cerana indica* varia entre 0,40 e 0,80 abelhas por cada cinco minutos. A visitação máxima de abelhas foi registada no tratamento T 8- Controlo não tratado e T 5- Óleo de Neem 0,5% EC @ 5 ml (0,80 abelhas/planta/ 5min) e foram considerados significativamente superiores aos tratamentos, T 2- Benzoato de Emamectina 5 SG @ 0,4 g (0,47 abelhas/planta/ 5min) e T 7- Imidaclopride 17,8 SL @ 0,3 ml (0,40 abelhas/planta/ 5min). Estes foram estatisticamente iguais aos tratamentos, T 1- Clorantraniliprole 18.5 SC @ 0.25 ml, T 3- Spinetoram 11.7 SC @ 0.9 ml, T 4- Spinosad 45 SC @ 0.3 ml e T 6- Lambda cyhalothrin 5 EC @ 0.6 ml (0.53 abelhas/planta/ 5min).

As observações do número de visitas de *Apis cerana indica* registadas no décimo quarto dia após a primeira pulverização de insecticidas revelaram que o menor número de visitas de abelhas foi registado nos tratamentos T 2- Benzoato de emamectina 5 SG @ 0,4 g e T 4- Spinosad 45 SC @ 0,3 ml (0,40 abelhas/planta/ 5min). Os tratamentos T 6- Lambda cyhalothrin 5 EC @ 0.6 ml e T 8- Controlo sem tratamento (1.0 abelhas/planta/ 5min) registaram o máximo de visitas de abelhas e foram iguais ao tratamento T 1- Chlorantraniliprole 18.5 SC @ 0.25 ml (0.60 abelhas/planta/ 5min). Estes foram considerados significativamente superiores aos tratamentos *viz*., T 3- Spinetoram 11.7 SC @ 0.9 ml (0.53 abelhas/planta/ 5min), T 5- Neem oil 0.5% EC @ 5 ml (0.53 abelhas/planta/ 5min) e T 7- Imidacloprid 17.8 SL @ 0.3 ml @ 0.4 g (0.47 abelhas/planta/ 5min).

Segundo spray:

Os dados registados no primeiro dia após a pulverização de insecticidas revelaram que o máximo de visitas de abelhas foi registado no tratamento T 8- Controlo não tratado (0,80 abelhas/planta/ 5min) e foi considerado significativamente superior aos tratamentos *viz*, T1- Chlorantraniliprole 18.5 SC @ 0.25 ml (0.40 abelhas/planta/ 5min), T 4- Spinosad 45 SC @ 0.3 ml (0.33 abelhas/planta/ 5min), T 6- Lambda cyhalothrin 5 EC @ 0.6 ml (0,33 abelhas/planta/ 5min), T 7- Imidaclopride 17,8 SL @ 0,3 ml (0,27 abelhas/planta/ 5min) e T 2- Benzoato de emamectina 5 SG @ 0,4 g (0,20 abelhas/planta/ 5min). Foi estatisticamente igual aos tratamentos, T 3- Spinetoram 11.7 SC @ 0.9 ml (0.53 abelhas/ 5 min) e T5- Óleo de Neem 0.5% EC @ 5 ml (0.53 abelhas/ 5 min).

No terceiro dia após a pulverização de insecticidas, a visitação de *Apis cerana indica* varia entre 0,20 e 0,80 abelhas por cada cinco minutos. No tratamento T 8- Controlo sem tratamento, observou-se um número máximo de visitas de abelhas (0,80 abelhas/planta/ 5min). O próximo melhor tratamento T 1- Chlorantraniliprole 18.5 SC @ 0.25 ml foi registado (0.67 abelhas/planta/ 5min) e estava a par com os tratamentos, T 3- Spinetoram 11.7 SC @ 0.9 ml (0.53 abelhas/planta/ 5min), T 2- Emamectin benzoate 5 SG @ 0.4 g (0.47 abelhas/planta/ 5min) e T 5- Neem oil 0.5% EC @ 5 ml (0.47 abelhas/planta/ 5min). Foi considerado significativamente superior aos tratamentos *viz.*, T 4- Spinosad 45 SC @ 0,3 ml (0,27 abelhas/planta/ 5min), T 6- Lambda cyhalothrin 5 EC @ 0,6 ml (0,20 abelhas/planta/ 5min) e T 7- Imidacloprid 17,8 SL @ 0,3 ml (0,20 abelhas/planta/ 5min).

As observações do número de visitas de *Apis cerana indica* registadas no quinto dia após a segunda aplicação de insecticidas revelaram que o menor número de visitas de abelhas foi registado no tratamento T 4- Spinosad 45 SC @ 0,3 ml e T 7- Imidacloprid 17,8 SL @ 0,3 ml (0,47 abelhas/planta/ 5min). Foram observadas visitas máximas de abelhas nos tratamentos T 1- Chlorantraniliprole 18.5 SC @ 0.25 ml, T 3- Spinetoram 11.7 SC @ 0.9 ml e T 8- Controlo sem tratamento (0.73 abelhas/planta/ 5min) e foram significativamente superiores ao tratamento T 2- Emamectin benzoate 5 SG @ 0.4 g (0.53 abelhas/planta/ 5min). Estes foram iguais aos tratamentos, T 5- Óleo de Neem 0,5% EC @ 5 ml (0,67 abelhas/planta/ 5min) e T 6- Lambda cyhalothrin 5 EC @ 0,6 ml (0,60 abelhas/planta/ 5min).

Os dados registados no sétimo dia após a pulverização dos insecticidas mostraram que as visitas máximas das abelhas foram observadas nos tratamentos T 4- Spinosad 45 SC @ 0,3 ml e T 8- Controlo não tratado (0.73 abelhas/planta/ 5min) e foram iguais aos tratamentos, T 2- Benzoato de emamectina 5 SG @ 0,4 g (0,67 abelhas/planta/ 5min), T 7- Imidaclopride 17,8 SL @ 0,3 ml (0,67 abelhas/planta/ 5min) e T 1- Clorantraniliprole 18,5 SC @ 0,25 ml (0,60 abelhas/planta/ 5min). Estes foram considerados significativamente superiores aos tratamentos *viz.,* T 3- Spinetoram 11.7 SC @ 0.9 ml (0.47 abelhas/planta/ 5min), T 5- Neem oil 0.5% EC @ 5 ml (0.47 abelhas/planta/ 5min) e T 6- Lambda cyhalothrin 5 EC @ 0.6 ml (0.40 abelhas/planta/ 5min).

No décimo dia após a pulverização dos insecticidas, a visitação de *Apis cerana indica* varia entre 0,47 e 0,73 abelhas por cada cinco minutos. A visitação máxima de abelhas foi registada no tratamento T 8- Controlo não tratado e T 7- Imidaclopride 17,8 SL @ 0,3 ml (0,73 abelhas/planta/ 5min) e foram considerados significativamente superiores aos tratamentos *viz.*, T 3- Spinetoram 11,7 SC @ 0,9 ml, T 4- Spinosad 45 SC @ 0,3 ml e T 6- Lambda cyhalothrin 5 EC @ 0,6 ml (0,47 abelhas/planta/ 5min).

Estes foram aplicados com os tratamentos T 5- Óleo de Neem 0,5% EC @ 5 ml (0,67 abelhas/planta/ 5min), T 1- Clorantraniliprole 18,5 SC @ 0,60 ml (0,60 abelhas/planta/ 5min) e T 2- Benzoato de Emamectina 5 SG @ 0,4 g (0,53 abelhas/planta/ 5min).

As observações do número de visitas de *Apis cerana indica* registadas no décimo quarto dia após a segunda pulverização de insecticidas revelaram que o melhor tratamento foi o T 8 - Controlo sem tratamento (0,80 abelhas/planta/ 5min). Os próximos melhores tratamentos foram T 1- Clorantraniliprole 18.5 SC @ 0.25 ml (0.73 abelhas/planta/ 5min) e T 5- Óleo de Neem 0.5% EC @ 5 ml (0.73 abelhas/planta/ 5min) e foram iguais aos tratamentos, T 3- Spinetoram 11.7 SC @ 0.9 ml (0.67 abelhas/planta/ 5min), T 2- Benzoato de emamectina 5 SG @ 0.4 g (0.60 abelhas/planta/ 5min) e T 6- Lambda cyhalothrin 5 EC @ 0.6 ml (0.60 abelhas/planta/ 5min). Estes foram considerados significativamente superiores aos tratamentos *viz.*, T 7- Imidacloprid 17.8 SL @ 0.3 ml @ 0.4 g (0.47 abelhas/ planta/ 5min) e T 4- Spinosad 45 SC @ 0.3 ml (0.40 abelhas/ planta/ 5min).

Os dados relativos ao impacto dos insecticidas em *Apis florea* em condições de campo a 1st, 3rd, 5th, 7th, 10th e 14th dias após a primeira e a segunda pulverização são apresentados no Quadro 4.10 e no Quadro 4.11 e representados graficamente na Fig. 4.10 e na Fig. 4.11.

Pré-contagem

Os dados registados sobre o número de visitas de *Apis florea* um dia antes da pulverização dos atractivos variaram entre 0,67 e 0,87 abelhas por cada cinco minutos. O número de visitas de *Apis florea às* flores de quiabo entre os diferentes tratamentos não apresentou relações significativas 24 horas antes da aplicação dos tratamentos.

Primeiro spray:

Os dados registados no primeiro dia após a pulverização de insecticidas revelaram que o tratamento T 8- Controlo sem tratamento registou o máximo de visitas de *Apis florea* (1,0 abelhas/planta/ 5min). O próximo melhor tratamento foi T1- Chlorantraniliprole 18.5 SC @ 0.25 ml (0.67 abelhas/ 5 min) foi estatisticamente igual aos tratamentos *viz*, T 3- Spinetoram 11.7 SC @ 0.9 ml (0.53 abelhas/ planta/ 5min), T5- Neem oil 0.5% EC @ 5 ml (0.53 abelhas/ planta/ 5min), T 2- Emamectin benzoate 5 SG @ 0.4 g (0.47 abelhas/ planta/ 5min) e T 6- Lambda cyhalothrin 5 EC @ 0.6 ml (0.40 abelhas/ planta/ 5min). Foi significativamente superior aos tratamentos T 4- Spinosad 45 SC @ 0,3 ml (0,27 abelhas/planta/ 5min) e T 7- Imidacloprid 17,8 SL @ 0,3 ml (0,13 abelhas/planta/ 5min).

No terceiro dia após a pulverização de insecticidas, a visitação de *Apis florea* varia entre 0,20 e 1,0 abelhas por cinco minutos. Nos tratamentos, T 8- Controlo sem tratamento e T 1- Clorantraniliprole 18,5 SC @ 0,25 ml foram observadas visitas máximas de abelhas (1,0 visitas de abelhas/5 min) e encontradas estatisticamente a par com T 5- Óleo de Neem 0,5% EC @ 5 ml (0,73 abelhas/planta/ 5min). Estes foram

Quadro 4.10: Impacto de diferentes insecticidas em *A.florea* em condições de campo após a primeira pulverização

Tr. Não.	Tratamento	Formulário	Dose por litro	*A. florea* visitas/planta/5 min							
				Pré-contagem	IDAS *	3DAS	5DAS	7DAS	10DAS	14DAS	Média DAS
Ti	Clorantraniliprolo	18,5 SC	0,25 ml	0.87 (1.36)**	0.67 (1-29)	1.00 (1.41)	0.73 (1-32)	0.73 (1-32)	0.87 (1-37)	0.73 (1-32)	0.79 (1-34)
T_2	Benzoato de emamectina	5 SG	0.4 g	0.73 (1-31)	0.47 (1-21)	0.27 (1-12)	0.73 (1-32)	0.67 (1-29)	0.93 (1-39)	0.53 (1-24)	0.6 (1-26)
T_3	Espinetorama	11.7 SC	0,9 ml	0.67 (1-29)	0.53 (1-24)	0.47 (1-21)	0.93 (1-39)	0.73 (1-32)	0.67 (1-29)	0.73 (1-32)	0.68 (1-29)
T_4	Espinosade	45 SC	0,3 ml	0.73 (1-31)	0.27 (1-12)	0.20 (1-09)	0.47 (1-21)	0.60 (1.26)	0.60 (1-26)	0.53 (1-24)	0.45 (1-20)
T_5	Óleo de neem	0,5% CE	5 ml	0.80 (1-34)	0.53 (1-24)	0.73 (1-32)	0.67 (1-29)	1.00 (1.41)	0.73 (1-32)	0.73 (1-32)	0.73 (1-32)
T_6	Lambda-cialotrina	5 CE	0,6 ml	0.73 (1-31)	0.40 (1-18)	0.33 (1.15)	0.60 (1-26)	0.73 (1-32)	0.53 (1-24)	0.73 (1-32)	0.55 (1-25)
T_7	Imidaclopride	17.8 SL	0,3 ml	0.73 (1-32)	0.13 (1.06)	0.27 (1-12)	0.47 (1-21)	0.67 (1-29)	0.73 (1-32)	0.80 (1-34)	0.51 (1-22)
T_8	Controlo não tratado			0.80 (1-34)	1.00 (1.41)	1.00 (1-41)	0.87 (1-37)	1.00 (1-41)	0.93 (1-39)	0.93 (1-39)	0.96 (1-40)
SE±				**0.16**	**0.03**	**0.04**	**0.03**	**0.03**	**0.03**	**0.03**	**0.03**
C.D @ 5%				**NS**	**0.10**	**0.13**	**0.10**	**0.10**	**0.09**	**0.09**	**0.10**

* Dias após a pulverização

** *(Os valores entre parêntesis são valores transformados pela raiz quadrada (X+l))*

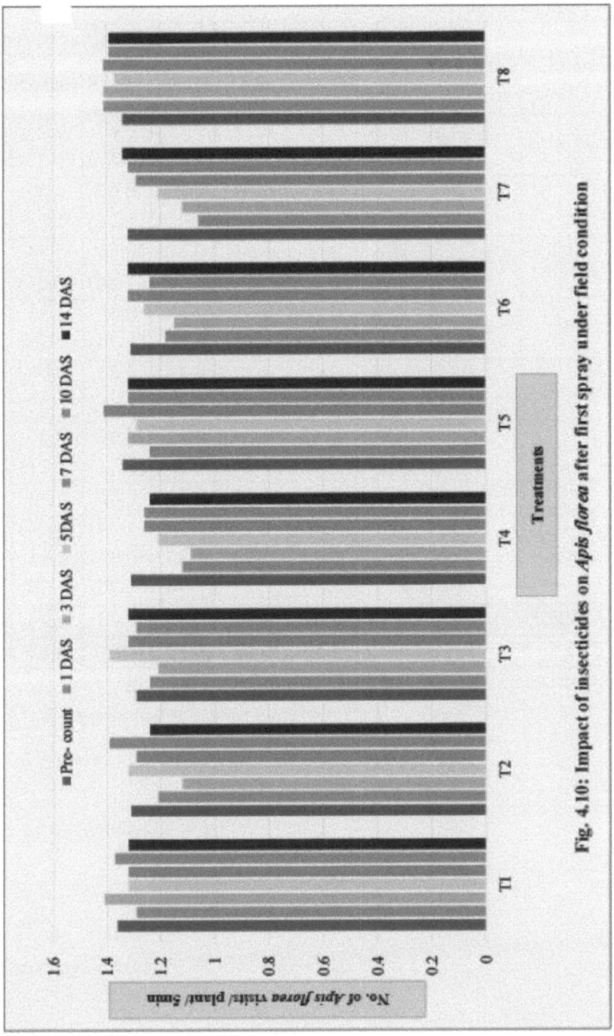

Fig. 4.10: Impact of insecticides on *Apis florea* after first spray under field condition

Fig. 4.10: Impacto dos insecticidas em *Apis florea* após a primeira pulverização em condições de campo

Quadro 4.11: Impacto de diferentes insecticidas em *A.florea*, em condições de campo, após a segunda pulverização

Tr. No.	Tratamento	Formulário	Dose por litro	*A.florea* visitas/planta/5 min						
				IDAS*	3DAS	5DAS	7DAS	10DAS	14DAS	Média DAS
Ti	Clorantraniliprolo	18,5 SC	0,25 ml	0.53 (1-24)	0.73 (1-32)	0.73 (1-32)	0.87 (1-37)	0.73 (1-32)	0.80 (1-41)	0.73 (1-32)
T_2	Benzoato de emamectina	5 SG	0.4 g	0.40 (1-18)	0.33 (1.15)	1.00 (1.41)	0.67 (1-29)	0.60 (1.26)	0.53 (1-24)	0.59 (1-25)
T_3	Espinetorama	11.7 SC	0,9 ml	0.60 (1.26)	0.53 (1-24)	0.60 (1.26)	0.60 (1-26)	0.53 (1-23)	0.87 (1-37)	0.62 (1-27)
T_4	Espinosade	45 SC	0,3 ml	0.20 (1-09)	0.33 (1.15)	0.60 (1.26)	0.53 (1-24)	0.53 (1-23)	0.53 (1-24)	0.45 (1-20)
T_5	Óleo de neem	0,5% CE	5 ml	0.47 (1-21)	0.87 (1-37)	0.73 (1-32)	0.60 (1.26)	0.93 (1-39)	0.93 (1-39)	0.76 (1-32)
T_6	Lambda-cialotrina	5 CE	0,6 ml	0.27 (1-12)	0.53 (1-24)	0.67 (1-29)	0.47 (1-21)	0.47 (1-21)	0.53 (1-24)	0.49 (1-22)
T7	Imidaclopride	17.8 SL	0,3 ml	0.13 (1.06)	0.47 (1-21)	0.53 (1-24)	0.80 (1-34)	0.53 (1-24)	0.40 (1-18)	0.48 (1-21)
T_8	Controlo não tratado			0.93 (1-39)	0.93 (1-39)	0.87 (1-36)	0.87 (1-37)	0.93 (1-39)	0.93 (1-39)	0.91 (1-38)
SE±				**0.04**	**0.04**	**0.03**	**0.03**	**0.04**	**0.04**	**0.04**
C.D @ 5%				**0.13**	**0.12**	**0.10**	**0.097**	**0.12**	**0.13**	**0.12**

* Dias após a pulverização

** *(Os valores entre parêntesis são valores transformados em raiz quadrada (X+1))*

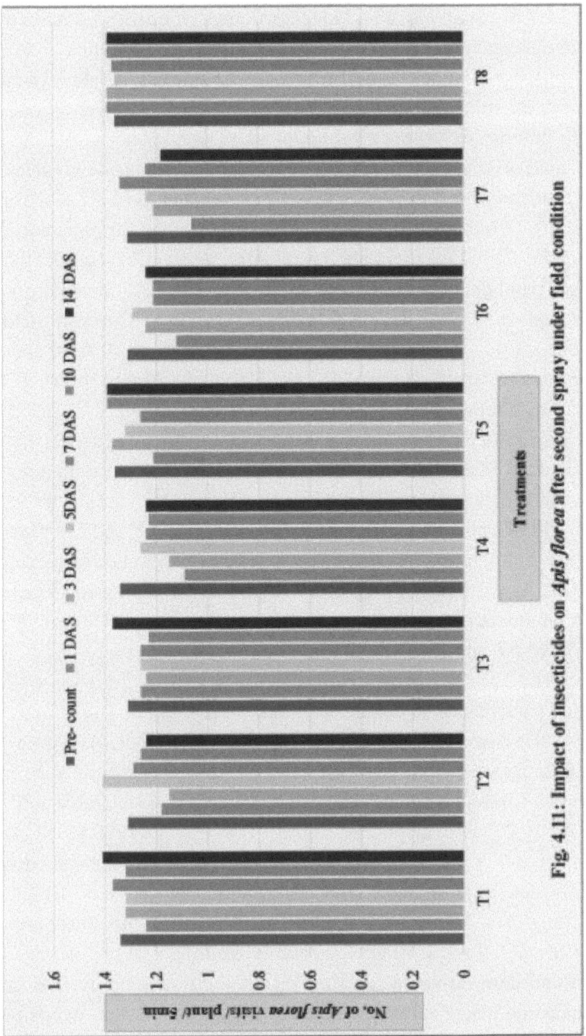

Fig. 4.11: Impacto dos insecticidas em *Apis florea* após a segunda pulverização em condições de campo

O T3 Spinetoram 11.7 SC @ 0.9 ml (0.47 abelhas/planta/ 5min), T6- Lambda cyhalothrin 5 EC @ 0.6 ml (0.33 abelhas/planta/ 5min), T 2- Benzoato de emamectina 5 SG @ 0,4 g (0,27 abelhas/planta/ 5min), T 7- Imidaclopride 17,8 SL @ 0,3 ml (0,27 abelhas/planta/ 5min) e T 4- Espinosade 45 SC @ 0,3 ml (0,20 abelhas/planta/ 5min).

As observações do número de visitas de *Apis florea* registadas no quinto dia após a primeira aplicação de insecticidas revelaram que o menor número de visitas de abelhas foi registado no tratamento T 4- Spinosad 45 SC @ 0,3 ml e T 7- Imidacloprid 17,8 SL @ 0,3 ml (0,47 abelhas/planta/ 5min). O número máximo de visitas de abelhas foi registado no tratamento T 3- Spinetoram 11.7 SC @ 0.9 ml (0.93 abelhas/planta/ 5min) e foi significativamente superior ao tratamento T 6- Lambda cyhalothrin 5 EC @ 0.6 ml (0.60 abelhas/planta/ 5min). Foi estatisticamente igual ao resto dos tratamentos *viz.*, T 8- Controlo não tratado (0,87 abelhas/planta/ 5min), T 1- Clorantraniliprole 18,5 SC @ 0,25 ml (0,73 abelhas/planta/ 5min), T 2- Benzoato de emamectina 5 SG @ 0,4 g (0,73 abelhas/planta/ 5min), T 5- Óleo de neem 0,5% EC @ 5 ml (0,67 abelhas/planta/ 5min).

Os dados registados no sétimo dia após a pulverização de insecticidas mostraram que os tratamentos T 5- Óleo de Neem 0,5% EC @ 5 ml e T 8- Controlo sem tratamento registaram o número máximo de visitas de abelhas (1.0 abelhas/planta/ 5min) e foram iguais aos tratamentos T 1- Clorantraniliprole 18.5 SC @ 0.25 ml (0.73 abelhas/planta/ 5min), T 3- Spinetoram 11.7 SC @ 0.9 ml (0.73 abelhas/planta/ 5min) e T 6- Lambda cyhalothrin 5 EC @ 0.6 ml (0.73 abelhas/planta/ 5min). Estes foram significativamente superiores aos tratamentos T 2- Benzoato de emamectina 5 SG @ 0,4 g (0,67 abelhas/planta/ 5min), T 7- Imidaclopride 17,8 SL @ 0,3 ml (0,67 abelhas/planta/ 5min) e T 4- Espinosade 45 SC @ 0,3 ml (0,60 abelhas/planta/ 5min).

No décimo dia após a pulverização dos insecticidas, a visitação de *Apis florea* varia entre 0,53 e 0,93 abelhas por cada cinco minutos. As visitas máximas das abelhas foram observadas nos tratamentos *viz*, T 2- Benzoato de emamectina 5 SG e T 8- Controle sem tratamento (0,93 abelhas/planta/ 5min) foram significativamente superiores aos tratamentos T 3- Espinetoram 11,7 SC @ 0,9 ml (0,67 abelhas/planta/ 5min), T 4- Espinosade 45 SC @ 0,3 ml (0,60 abelhas/planta/ 5min) e T 6- Lambda cialotrina 5 EC @ 0,6 ml (0,53 abelhas/planta/ 5min). Estes foram iguais aos tratamentos T 1- Chlorantraniliprole 18.5 SC @ 0.25 ml (0.87 abelhas/planta/ 5min), T 5- Neem oil 0.5% EC @ 5 ml (0.73 abelhas/planta/ 5min) e T 7- Imidacloprid 17.8 SL @ 0.3 ml (0.73 abelhas/planta/ 5min).

As observações do número de visitas de *Apis florea* registadas no décimo quarto dia após a primeira pulverização de insecticidas revelaram que o menor número de visitas de abelhas foi registado nos tratamentos T 2- Benzoato de emamectina 5 SG @ 0,4 g e T 4- Spinosad 45 SC @ 0,3 ml (0,53 abelhas/planta/ 5min). O tratamento T 8- Controlo sem tratamento registou o máximo de visitas de abelhas (0,93 abelhas/planta/ 5min), a par dos restantes tratamentos, *a* saber T 7- Imidaclopride 17,8 SL @ 0,3 ml @ 0,4 g (0,80 abelhas/planta/ 5min), T 1- Clorantraniliprole 18,5 SC @ 0,25 ml (0,73 abelhas/planta/ 5min), T 3- Espinetoram 11.7 SC @ 0.9 ml (0.73 abelhas/planta/ 5min), T 5- Óleo de Neem 0.5% EC @ 5 ml (0.73 abelhas/planta/ 5min) e T 6- Lambda cyhalothrin 5 EC @ 0.6 ml (0.73 abelhas/planta/ 5min).

Segundo spray:

Os dados registados no primeiro dia após a pulverização de insecticidas revelaram que o máximo de visitas de abelhas foi observado no tratamento T 8- Controlo não tratado (0,93 abelhas/planta/ 5min). O próximo melhor tratamento T 3- Spinetoram 11.7 SC @ 0.9 ml (0.60 abelhas/planta/ 5min) foi significativamente superior aos tratamentos T1- Chlorantraniliprole

18.5 SC @ 0.25 ml (0.53 abelhas/planta/ 5min), T5- Neem oil 0.5% EC @ 5 ml (0.47 abelhas/planta/ 5min), T 2- Benzoato de emamectina 5 SG @ 0.4 g (0.40 abelhas/planta/ 5min), T 6- Lambda cyhalothrin 5 EC @ 0.6 ml (0.27 abelhas/planta/ 5min), T 4- Spinosad 45 SC @ 0.3 ml (0.20 abelhas/planta/ 5min) e T 7- Imidacloprid 17.8 SL @ 0.3 ml (0.13 abelhas/planta/ 5min).

No terceiro dia após a pulverização de insecticidas, a visitação de *Apis florea* varia entre 0,33 e 0,93 abelhas por cinco minutos. A visitação máxima de abelhas foi observada no tratamento T 8- Controle sem tratamento (0,93 abelhas/planta/ 5min) e foi igual ao T 5- Óleo de Neem 0,5% EC @ 5 ml (0,87 abelhas/planta/ 5min) e T 1- Clorantraniliprole 18,5 SC @ 0,25 ml (0,73 abelhas visitas/5 min). Foi significativamente superior ao resto dos tratamentos *viz*, T 3- Spinetoram 11.7 SC @ 0.9 ml (0.53 abelhas/planta/ 5min), T 6- Lambda cyhalothrin 5 EC @ 0.6 ml (0.53 abelhas/planta/ 5min), T 7- Imidacloprid 17.8 SL @ 0.3 ml (0,47 abelhas/planta/ 5min), T 2- Benzoato de emamectina 5 SG @ 0,4 g (0,33 abelhas/planta/ 5min) e T 4- Espinosade 45 SC @ 0,3 ml (0,33 abelhas/planta/ 5min).

As observações do número de visitas de *Apis florea* registadas no quinto dia após a segunda pulverização de insecticidas revelaram que o menor número de visitas de abelhas foi registado no tratamento T 7- Imidaclopride 17,8 SL @ 0,3 ml (0,53 abelhas/planta/ 5min). O número máximo de visitas de abelhas foi registado nos tratamentos T 8- Controlo não tratado (0,87 abelhas/planta/ 5min) e T 2- Benzoato de emamectina 5 SG @ 0,4 g (0,87 abelhas/planta/ 5min) e foram iguais aos tratamentos, T 1- Clorantraniliprole 18,5 SC @ 0,25 ml (0,73 abelhas/planta/ 5min) e T 5- Óleo de neem 0,5% EC @ 5 ml (0,73 abelhas/planta/ 5min). Estes foram significativamente superiores aos tratamentos *viz*., T 6- Lambda cyhalothrin 5 EC @ 0.6 ml (0.67 abelhas/ planta/ 5min), T 3- Spinetoram 11.7 SC @ 0.9 ml e T 4- Spinosad 45 SC @ 0.3 ml (0.60 abelhas/ planta/ 5min).

Os dados registados no sétimo dia após a pulverização dos insecticidas mostraram que os tratamentos T 1- Chlorantraniliprole 18.5 SC e T 8- Controlo sem tratamento registaram o número máximo de visitas de abelhas (0,87 abelhas/planta/ 5min) e foram considerados significativamente superiores aos tratamentos T 3- Spinetoram 11.7 SC @ 0.9 ml (0.60 abelhas/planta/ 5min), T 5- Óleo de Neem 0.5% EC @ 5 ml (0.60 abelhas/planta/ 5min), T 4- Spinosad 45 SC @ 0.3 ml (0.53 abelhas/planta/ 5min) e T 6- Lambda cyhalothrin 5 EC @ 0.6 ml (0.47 abelhas/planta/ 5min). Estes tratamentos foram *iguais* aos tratamentos T 7- Imidaclopride 17,8 SL @ 0,3 ml (0,80 abelhas/planta/ 5min) e T 2- Benzoato de emamectina 5 SG @ 0,4 g (0,67 abelhas/planta/ 5min).

No décimo dia após a pulverização dos insecticidas, a visitação de *Apis florea* varia entre 0,47 e 0,93 abelhas por cada cinco minutos. A visitação máxima de abelhas foi observada nos tratamentos T 5- Óleo de Neem 0,5% EC @ 5 ml e T 8- Controle sem tratamento (0,93 abelhas/planta/ 5min), que foram estatisticamente iguais ao tratamento T 1- Clorantraniliprole 18,5 SC @ 0,25 ml (0,73 abelhas/planta/ 5min). Estes foram significativamente superiores ao resto dos tratamentos *viz*, T 2- Benzoato de emamectina 5 SG (0,60 abelhas/planta/ 5min), T 3- Spinetoram 11,7 SC @ 0,9 ml (0,53 abelhas/planta/ 5min), T 4- Spinosad 45 SC @ 0,3 ml (0.53 abelhas/planta/ 5min), T 7- Imidaclopride 17.8 SL @ 0.3 ml (0.53 abelhas/planta/ 5min) e T 6- Lambda cyhalothrin 5 EC @ 0.6 ml (0.47 abelhas/planta/ 5min).

As observações do número de visitas de *Apis florea* registadas no décimo quarto dia após a segunda pulverização de insecticidas revelaram que o menor número de visitas de abelhas foi registado no tratamento T 7- Imidaclopride 17,8 SL @ 0,3 ml @ 0,4 g (0,40 abelhas/planta/ 5min). Nos tratamentos, T 5- Óleo de Neem 0,5% EC @ 5 ml e T 8- Controlo sem tratamento foram registadas visitas máximas de abelhas (0,93 abelhas/planta/ 5min) e foram consideradas significativamente superiores aos tratamentos, T 2- Benzoato de Emamectina 5 SG @ 0.4 g (0,53 abelhas/ planta/ 5min), T 4- Spinosad 45 SC @ 0,3 ml (0,53 abelhas/ planta/ 5min) e T 6- Lambda cyhalothrin 5 EC @ 0,6 ml (0,53 abelhas/ planta/ 5min). Estes foram iguais aos tratamentos *viz.*, tratamentos T 3- Spinetoram 11.7 SC @ 0.9 ml (0.87 abelhas/planta/ 5min) e T 1- Chlorantraniliprole 18.5 SC @ 0.25 ml (0.80 abelhas/planta/ 5min).

A média geral da primeira pulverização, da segunda pulverização e dos dados agrupados das abelhas sem ferrão, *A. cerana indica e A. florea*, em condições de campo, é apresentada no Quadro 4.12 e representada graficamente na Fig. 4.12.

Os dados médios da primeira pulverização revelaram que o máximo de visitas de abelhas sem ferrão foi registado no tratamento T8- Controlo não tratado (2,73 abelhas/planta/ 5min) e foi encontrado a par com os tratamentos, T5- Óleo de Neem 0,5% EC @ 5 ml (2,53 abelhas/planta/ 5min) e T1- Clorantraniliprole 18,5 SC @ 0,25 ml (2,42 abelhas/planta/ 5min). Foi significativamente superior ao resto dos tratamentos T3- Spinetoram 11.7 SC @ 0.9 ml (2.18 abelhas/planta/ 5min), T2- Emamectin benzoate 5 SG @ 0.4 g (1.94 abelhas/planta/ 5min), T6- Lambda cyhalothrin 5 EC @ 0.6 ml (1.94 abelhas/planta/ 5min) e T4- Spinosad 45 SC @ 0.3 ml (1.70 abelhas/planta/ 5min). O mínimo de visitas de abelhas foi observado no tratamento T7- Imidaclopride 17,8 SL @ 0,3 ml (1,66 abelhas/planta/ 5min).

As observações registadas após a segunda aplicação por pulverização sobre as visitas das abelhas sem ferrão mostraram que as visitas mais baixas foram observadas no tratamento T4- Spinosad 45 SC @ 0,3 ml (1,64 abelhas/planta/ 5min). O tratamento T8- Controlo não tratado registou o máximo de visitas de abelhas (2,79 abelhas/planta/ 5min). Seguiu-se o tratamento T1- Chlorantraniliprole 18.5 SC @ 0.25 ml

Quadro 4.12: Média combinada do impacto de diferentes insecticidas no número de visitas de abelhas sem ferrão, *A. cerana indica* e *A. florea*

Tr. Não.	Tratamento	Formulário	Dose por litro	Visitas das abelhas sem ferrão/planta/5 min			*A. cerana indica* visitas/planta/5 min			*A. florea* visitas/planta/5 min		
				J St spray	2nd spray	Média agrupada	J St spray	2nd spray	Média agrupada	J St spray	2nd spray	Média agrupada
Ti	Clorantraniliprolo	18,5 SC	0,25 ml	2.42 (1.85)*	2.47 (1.86)	2.45 (1.86)	0.65 (1-28)	0.62 (1-27)	0.64 (1-28)	0.79 (1-34)	0.73 (1-33)	0.76 (1-34)
T_2	Benzoato de emamectina	5 SG	0.4 g	1.94 (1-71)	1.88 (1.69)	1.91 (1-70)	0.47 (1-21)	0.50 (1-22)	0.49 (1-22)	0.60 (1.26)	0.59 (1-25)	0.60 (1.26)
T_3	Espinetorama	11.7 SC	0,9 ml	2.18 (1-78)	2.27 (1-80)	2.23 (1-79)	0.53 (1-24)	0.57 (1-25)	0.55 (1-25)	0.68 (1-29)	0.62 (1-27)	0.65 (1-28)
T_4	Espinosade	45 SC	0,3 ml	1.70 (1-63)	1.64 (1-62)	1.67 (1-63)	0.33 (1.15)	0.45 (1-20)	0.39 (1-18)	0.45 (1-20)	0.45 (1-20)	0.45 (1-20)
T_5	Óleo de neem	0,5% CE	5 ml	2.53 (1-88)	2.40 (1-84)	2.47 (1.86)	0.59 (1-26)	0.59 (1-26)	0.59 (1-26)	0.73 (1-32)	0.76 (1-32)	0.75 (1-32)
T6	Lambda-cialotrina	5 CE	0,6 ml	1.94 (1-71)	1.81 (1-67)	1.88 (1.69)	0.49 (1-21)	0.43 (1.19)	0.46 (1-20)	0.55 (1-25)	0.49 (1-22)	0.52 (1-24)
T7	Imidaclopride	17.8 SL	0,3 ml	1.66 (1-62)	1.89 (1.69)	1.78 (1.66)	0.36 (1.16)	0.47 (1-21)	0.42 (1.19)	0.51 (1-22)	0.48 (1-21)	0.50 (1-22)
T_8	Controlo não tratado			2.73 (1-92)	2.79 (1-95)	2.76 (1-94)	0.82 (1-35)	0.77 (1-33)	0.80 (1-34)	0.96 (1-40)	0.91 (1-38)	0.94 (1-39)
SE±				**0.03**	**0.02**	**0.02**	**0.04**	**0.03**	**0.03**	**0.03**	**0.04**	**0.04**
C.D @ 5%				**0.08**	**0.07**	**0.07**	**0.11**	**0.09**	**0.10**	**0.10**	**0.12**	**0.11**

** (Os valores entre parêntesis são valores transformados em raiz quadrada (X+1))*

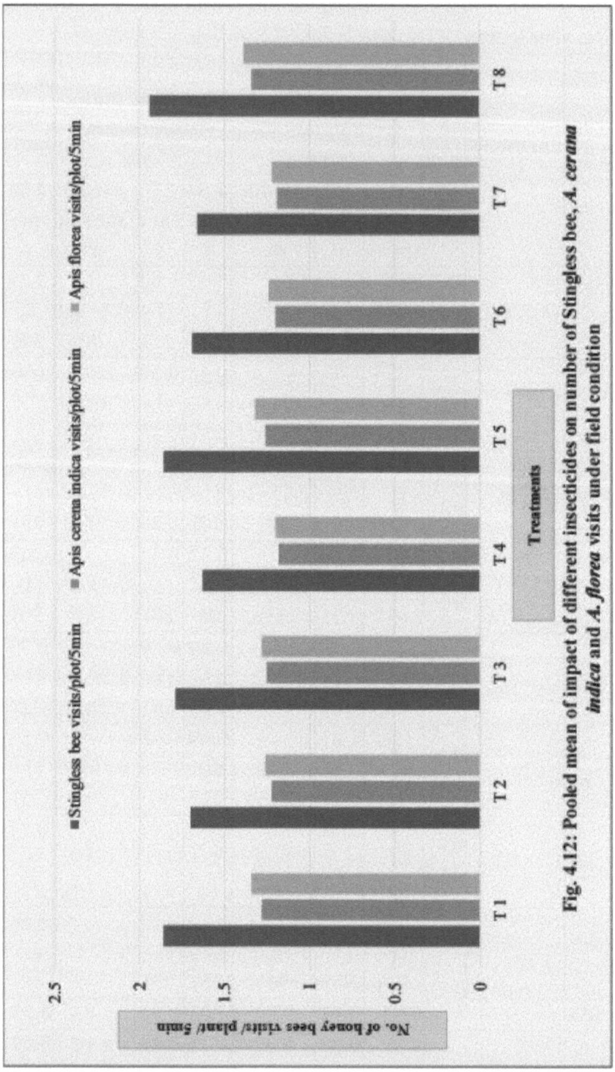

Fig. 4.12: Média combinada do impacto de diferentes insecticidas no número de visitas de abelhas sem ferrão, *A. cerana indica* e *A. florea*, em condições de campo

(2,47 abelhas/planta/ 5min) que foi encontrado a par com os tratamentos, T5- Óleo de Neem 0,5% EC @ 5 ml (2,40 abelhas/planta/ 5min) e T3- Spinetoram 11,7 SC @ 0,9 ml (2,27 abelhas/planta/ 5min). Foi considerado significativamente superior aos demais tratamentos, a *saber*, T7- Imidacloprid 17,8 SL @ 0,3 ml (1,89 abelhas/planta/ 5min), T2- Benzoato de emamectina 5 SG @ 0,4 g (1,88 abelhas/planta/ 5min) e T6- Lambda cyhalothrin 5 EC @ 0,6 ml (1,81 abelhas/planta/ 5min).

Os dados sobre a média combinada de duas pulverizações em abelhas sem ferrão indicaram que o tratamento T 8- Controlo não tratado registou o máximo de visitas de abelhas (2,76 abelhas/planta/ 5min) e foi encontrado a par com o tratamento T 5- Óleo de Neem 0,5% EC @ 5 ml (2,47 abelhas/planta/ 5min). Foi significativamente superior aos tratamentos T 1- Chlorantraniliprole 18.5 SC @ 0.25 ml (2.45 abelhas/planta/ 5min), T 3- Spinetoram 11.7 SC @ 0.9 ml (2.23 abelhas/planta/ 5min), T 2- Emamectin benzoate 5 SG @ 0.4 g (1,91 abelhas/planta/ 5min), T 6- Lambda cyhalothrin 5 EC @ 0,6 ml (1,88 abelhas/planta/ 5min) e T 7- Imidacloprid 17,8 SL @ 0,3 ml (1,78 abelhas/planta/ 5min). As visitas mais baixas de abelhas sem ferrão foram observadas em T 4- Spinosad 45 SC @ 0,3 ml (1,64 abelhas/planta/ 5min).

Os dados médios após a primeira pulverização revelaram que as visitas máximas de *A. cerana indica* foram registadas no tratamento T8- Controlo não tratado (0,82 abelhas/planta/ 5min) foi encontrado a par com os tratamentos *viz*, T1- Clorantraniliprole 18.5 SC @ 0.25 ml (0.65 abelhas/planta/ 5min), T5- Óleo de Neem 0.5% EC @ 5 ml (0.59 abelhas/planta/ 5min) e T3- Spinetoram 11.7 SC @ 0.9 ml (0.53 abelhas/planta/ 5min). Foi considerado significativamente superior aos tratamentos T6- Lambda cyhalothrin 5 EC @ 0,6 ml (0,49 abelhas/planta/ 5min), T2- Emamectin benzoate 5 SG @ 0,4 g (0,47 abelhas/planta/ 5min), T7- Imidacloprid 17,8 SL @ 0,3 ml (0,36 abelhas/planta/ 5min) e T4- Spinosad 45 SC @ 0,3 ml (0,33 abelhas/planta/ 5min).

As observações registadas após a segunda aplicação por pulverização em *A. cerana indica* mostraram que as visitas mais baixas de abelhas foram observadas no tratamento T6- Lambda cyhalothrin 5 EC @ 0,6 ml (0,43 abelhas/planta/ 5min). O tratamento T8- Controlo sem tratamento registou o máximo de visitas de abelhas (0,77 abelhas/planta/ 5min). Foi a par com os tratamentos, T1- Chlorantraniliprole 18.5 SC @ 0.25 ml (0.62 abelhas/planta/ 5min), T5- Neem oil 0.5% EC @ 5 ml (0.59 abelhas/planta/ 5min) e T3- Spinetoram 11.7 SC @ 0.9 ml (0.57 abelhas/planta/ 5min) que foi considerado significativamente superior ao resto dos tratamentos *viz*. T2- Benzoato de emamectina 5 SG @ 0,4 g (0,50 abelhas/planta/ 5min), T7- Imidaclopride 17,8 SL @ 0,3 ml (0,47 abelhas/planta/ 5min) e T4- Espinosade 45 SC @ 0,3 ml (0,45 abelhas/planta/ 5min).

Os dados sobre a média combinada de duas pulverizações de visitas de *Apis cerana indica* revelaram que o tratamento T8- Controlo não tratado registou o máximo de visitas de abelhas (0,80 abelhas/planta/ 5min) e foi encontrado a par com os tratamentos *viz*, T1- Clorantraniliprole 18.5 SC @ 0.25 ml (0.64 abelhas/planta/ 5min), T5- Óleo de Neem 0.5% EC @ 5 ml (0.59 abelhas/planta/ 5min) e T3- Spinetoram 11.7 SC @ 0.9 ml (0.55 abelhas/planta/ 5min). Verificou-se que foi significativamente superior aos tratamentos, T2-
Benzoato de emamectina 5 SG @ 0,4 g (0,49 abelhas/planta/ 5min), T6- Lambda-cialotrina 5 EC @ 0,6 ml (0,46 abelhas/planta/ 5min), T7- Imidaclopride 17,8 SL @ 0,3 ml (0,42 abelhas/planta/ 5min) e T4- Espinosade 45 SC @ 0,3 ml (0,39 abelhas/planta/ 5min).

Os dados médios da primeira pulverização em *A. florea* indicaram que as visitas máximas das abelhas foram registradas no tratamento T8- Controle não tratado (0,96 abelhas/planta/ 5min) e

foi igual aos tratamentos T1- Chlorantraniliprole 18,5 SC @ 0,25 ml (0,79 abelhas/planta/ 5min) e T5- Óleo de Neem 0,5% EC @ 5 ml (0,73 abelhas/planta/ 5min). Foi considerado significativamente superior aos tratamentos T3- Spinetoram 11.7 SC @ 0.9 ml (0.68 abelhas/ planta/ 5min), T2- Benzoato de emamectina 5 SG @ 0.4 g (0.60 abelhas/planta/ 5min), T6- Lambda cyhalothrin 5 EC @ 0.6 ml (0.55 abelhas/planta/ 5min), T7- Imidacloprid 17.8 SL @ 0.3 ml (0.51 abelhas/planta/ 5min) e T4- Spinosad 45 SC @ 0.3 ml (0.45 abelhas/planta/ 5min).
As observações registadas após a segunda aplicação por pulverização mostraram que as visitas mínimas das abelhas foram observadas no tratamento T4- Spinosad 45 SC @ 0,3 ml (0,45 abelhas/planta/ 5min). O tratamento T8- Controlo não tratado registou o máximo de visitas de abelhas (0,91 abelhas/planta/ 5min) e foi igual aos tratamentos, T5- Óleo de Neem 0,5% EC @ 5 ml (0,76 abelhas/planta/ 5min), T1- Chlorantraniliprole 18.5 SC @ 0,25 ml (0,73 abelhas/ planta/ 5min), T3- Spinetoram 11,7 SC @ 0,9 ml (0,62 abelhas/ planta/ 5min) e T2- Benzoato de emamectina 5 SG @ 0,4 g (0,59 abelhas/ planta/ 5min). Foi considerado significativamente superior aos tratamentos T6- Lambda cyhalothrin 5 EC @ 0.6 ml (0.49 abelhas/planta/ 5min) e T7- Imidacloprid 17.8 SL @ 0.3 ml (0.48 abelhas/planta/ 5min).
Os dados agrupados sobre a média de duas pulverizações na visitação de *Apis florea* revelaram que o tratamento T8- Controlo não tratado registou o máximo de visitas de abelhas (0,94 abelhas/planta/ 5min) e estava a par com os tratamentos, T1- Chlorantraniliprole 18.5 SC @ 0,25 ml registado (0,76 abelhas/ planta/ 5min), T5- Óleo de Neem 0,5% EC @ 5 ml (0,75 abelhas/ planta/ 5min) e T3- Spinetoram 11,7 SC @ 0,9 ml (0,65 abelhas/ planta/ 5min). Foi considerado significativamente superior aos tratamentos T2- Benzoato de emamectina 5 SG @ 0,4 g (0,60 abelhas/planta/ 5min), T6- Lambda cyhalothrin 5 EC @ 0,6 ml (0,52 abelhas/planta/ 5min), T7- Imidacloprid 17,8 SL @ 0,3 ml (0,50 abelhas/planta/ 5min) e T4- Spinosad 45 SC @ 0,3 ml (0,45 abelhas/planta/ 5min).

4.3.1 Rendimento de sementes/ha

Os dados relativos ao impacto dos diferentes tratamentos no rendimento do quiabeiro através da polinização por abelhas são apresentados no Quadro 4.13 e representados graficamente na Fig. 4.13.

As abelhas sem ferrão desempenharam um papel importante no aumento da produção de sementes de quiabo. Verificou-se que a polinização por abelhas tem um impacto máximo no rendimento do quiabeiro. Cada parcela de tratamento foi colhida e pesada separadamente de cinco plantas seleccionadas ao acaso e os dados relativos à produção de frutos foram depois convertidos em produção/ha.

Tabela 4.13. Impacto dos diferentes tratamentos no desempenho da produção de quiabo pela polinização das abelhas.

Tr. No.	Tratamento	Formulação	Dose por litro	Rendimento de frutos (t / ha)
T 1	Clorantraniliprolo	18,5 SC	0,25 ml	13.70
T 2	Benzoato de emamectina	5 SG	0.4 g	13.65
T 3	Spinetoram	11.7 SC	0,9 ml	12.80
T 4	Espinosade	45 SC	0,3 ml	13.20
T 5	Óleo de neem	0,5% CE	5 ml	10.30
T 6	Lambda-cialotrina	5 CE	0,6 ml	12.04
T 7	Imidaclopride	17.8 SL	0,3 ml	11.90
T 8	Controlo não tratado			8.80

O rendimento em vários tratamentos foi muito afetado pela visita das abelhas sem ferrão. Os dados revelaram que o rendimento máximo de quiabo foi registado no tratamento T1- Chlorantraniliprole 18.5 SC @ 0.25 ml (13.70 t/ha). Os próximos melhores tratamentos foram T2- Benzoato de emamectina 5 SG @ 0,4 g (13,65 t/ha), T4- Spinosad 45 SC @ 0,3 ml (13,20 t/ha), T3- Spinetoram 11,7 SC @ 0,9 ml (12.80 t/ha), T6- Lambda cyhalothrin 5 EC @ 0.6 ml (12.04 t/ha), T7- Imidacloprid 17.8 SL @ 0.3 ml (11.90 t/ha) e T5- Neem oil 0.5% EC @ 5 ml (10.30 t/ha) com respeito à produção de frutos. O menor rendimento de frutos foi encontrado no controlo T8- Não tratado (8,80 t/ha).

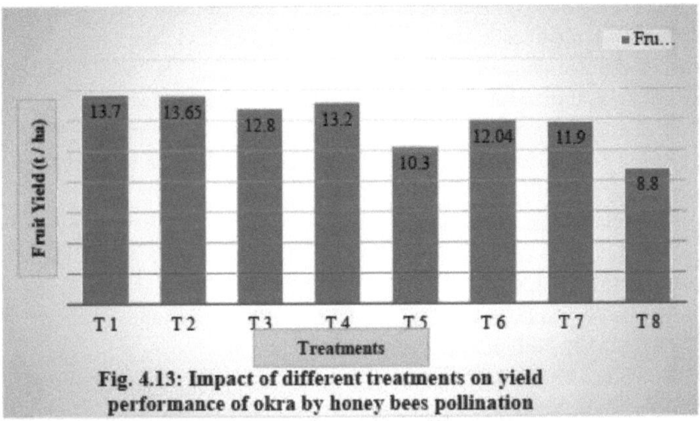

Fig. 4.13: Impact of different treatments on yield performance of okra by honey bees pollination

Fig. 4.13: Impacto dos diferentes tratamentos no rendimento do quiabeiro através da polinização por abelhas

DISCUSSÃO

A presente investigação, intitulada "Captura de colónias e toxicidade de insecticidas em abelhas sem ferrão", foi realizada no Departamento de Entomologia Agrícola, Faculdade de Agricultura e Oficina da Faculdade de Engenharia Agrícola, Dapoli, Estação Experimental Central, Wakawali, durante 2022-2023. Os resultados da experiência apresentados na parte anterior deste capítulo foram discutidos e elaborados nos seguintes subcapítulos.

4.4. Capturar a colónia de abelhas sem ferrão dos seus ninhos naturais

4.5. Toxicidade dos insecticidas para as abelhas sem ferrão em condições laboratoriais

4.6. Impacto dos insecticidas nas abelhas sem ferrão em condições de campo

4.4. Capturar a colónia de abelhas sem ferrão dos seus ninhos naturais

As observações do quadro 4.4 indicam que a captura de colónias de abelhas sem ferrão dos seus ninhos naturais em armadilhas artificiais durante os meses de janeiro, abril e julho de 2023.

O tratamento T4- Colmeia/armadilha de tubo de PVC @ duas câmaras 20x12 cm^2 e 18x10 cm^2 foi considerado eficaz para capturar o máximo de rainhas (1.0 nos.), células de mel (61.09 nos.), células de pólen (68.1 nos.) e células de cria (752.5 nos.). Seguiu-se a T3- Colmeia/armadilha de madeira @ 30x10x10 cm^3 com telhado que registou a captura de rainha (0,5 n.os.), células de pólen (40,5 n.os.) e células de criação (199,4 n.os.). No entanto, registou-se um mínimo de captura de rainhas e células de criação na T5- Colmeia/armadilha de tubo de PVC @ 30x12 cm^2 (0.17 nos. e 14.75 nos.) e um mínimo de células de mel e células de pólen na T7- Pote de barro @ 2 litros de capacidade (1.92 nos. e 4.25 nos.).

Os resultados do presente estudo estão de acordo com Wankhede *et al.* (2022) que estudaram a viabilidade de diferentes armadilhas para a captura de colónias de abelhas sem ferrão, tendo concluído que os tratamentos T2-PVC pipe trap @ Two chamber 20x18x12 cm^3 registaram 100% de captura de colónias de abelhas sem ferrão e da rainha (0,87 nos./armadilha) do seu habitat natural, tendo sido significativamente superiores aos restantes tratamentos. O máximo de células de mel (15,1 nos.), células de pólen (21,6 nos.) e células de cria (398,5 nos.) foi registado na armadilha T2-PVC pipe @ Two chamber 20x18x12 cm^3 que foi significativamente superior ao T4-Pote de barro @ Ц capacidade de litro, T1-Armadilha quadrada de madeira @ 20x20x15 cm^3 e T3-Armadilha retangular de madeira @ 34x11x11 cm^3 .

A situação da meliponicultura em Kerala, um estado do sul da Índia, descreveu 9 tipos diferentes de colmeias utilizadas pelos apicultores locais de abelhas sem ferrão para a criação de colónias de *Tetragonula iridipennis*, uma colmeia moderna de tubos de PVC destacáveis foi considerada útil para a extração de mel sem perturbar a rainha e a câmara de criação por Sajan Jose (2015).

Os resultados corroboram os de Pallavi (2016), que comparou a colmeia de plástico concebida com os tipos de colmeias existentes para o desempenho das colónias de abelhas sem ferrão. O desempenho geral foi da ordem de colmeia de plástico > colmeia de madeira > colmeia de bambu > colmeia de Kerala durante julho a setembro de 2015 e outubro a dezembro de 2015.

Devanesan *et al.* (2022) avaliaram diferentes tipos de colmeias. A colmeia de bambu com uma capacidade de 1500 cc mostrou um melhor desenvolvimento das crias, um armazenamento máximo de pólen e potes de mel, seguida do pote de barro e da colmeia de madeira, o que contrasta com o presente estudo. No presente estudo, a colmeia de bambu e os potes de barro não foram muito bem sucedidos na captura de colónias. Tal pode dever-se ao contacto frequente com a água em caso de chuvas fortes, o que perturba o crescimento da colónia. Virkar *et al.* (2014) sugeriram que o material da armadilha, *ou seja,* os potes de barro, deve ser evitado devido ao excesso de retenção de humidade. Algumas colmeias de madeira também falharam, talvez devido à fuga das colónias capturadas no verão e à falta de arejamento adequado nas armadilhas artificiais. Sabe-se que as abelhas sem ferrão são incapazes de regular a temperatura interna da sua colónia e dependem sobretudo da termorregulação fornecida pela cavidade de nidificação (Roubik, 1995).

Os resultados dos potes de pólen no presente estudo estão em conformidade com o AICRP sobre abelhas melíferas e polinizadores que o centro Vellayani recomendou para a criação de *Tetragonula iridipennis, que* recomendou um tamanho de colmeia de 3000 cm^3 (30x10x10cm), que foi considerado superior em termos de criação de crias, armazenamento de pólen e mel em Jorhat, Assam (AICRP, 2013-15). Do mesmo modo, as colmeias de madeira também são utilizadas para o acasalamento de colónias selvagens (AICRP, 2011). Sajan Jose (2015) referiu que qualquer caixa de madeira dura com comprimento - 30 cm x largura 10 cm x altura 10 cm (todas as medidas interiores) era o melhor tamanho para a meliponicultura em Kerala.

Os resultados actuais, ou seja, T4- colmeia/armadilha de tubo de PVC com duas câmaras de 20x12 cm^2 e 18x10 cm^2 foi eficaz para capturar o máximo de rainhas (1,0 nos.), células de mel (61,09 nos.), células de pólen (68.1 nos.) e células de cria (752,5 nos.) estão de acordo com os de Oliveria *et al.* (2012) que utilizaram ninhos-armadilha de plástico e ninhos-armadilha de cartão de 0,5, 1,0, 2,0, 3,0 L de quatro tamanhos diferentes. Os maiores recipientes de plástico de 3,0 L foram ocupados com mais sucesso do que outros por enxames de abelhas sem ferrão na primavera (outubro-dezembro). A incapacidade das armadilhas para atrair os enxames no presente estudo pode ser atribuída ao período mais curto de investigação (dez meses) e também ao facto de o processo de enxameação das abelhas sem ferrão ser gradual e ocorrer em número bastante reduzido (Veen e Sommeijer, 2000).

4.5. Toxicidade dos insecticidas para as abelhas sem ferrão em condições laboratoriais

A percentagem de mortalidade corrigida das abelhas sem ferrão após a aplicação de diferentes insecticidas em condições laboratoriais está representada no quadro 4.5.

Mortalidade corrigida das abelhas sem ferrão em 1st dia de pulverização:

Os dados apresentados na Tabela 4.5 indicam que a menor mortalidade das abelhas sem ferrão foi registada no tratamento T5- Óleo de Neem 0,5% EC @ 5 ml (20,7%). No entanto, a mortalidade máxima das abelhas sem ferrão foi registada no tratamento T7- Imidaclopride 17,8 SL @ 0,3 ml (83,8 %).

Mortalidade corrigida das abelhas sem ferrão no 3rd dia da pulverização:

Os dados do dia 3rd mostraram que o tratamento T5- Óleo de Neem 0,5% EC @ 5 ml registou uma mortalidade mínima (9,77%) de abelhas sem ferrão. O tratamento T4- Spinosad 45 SC @ 0,3 ml (66,7%) registou a mortalidade máxima das abelhas sem ferrão.

Mortalidade corrigida das abelhas sem ferrão no 7th dia da pulverização:

Aos 7th dias de pulverização, não foi registada nenhuma mortalidade de abelhas sem ferrão no tratamento T5- Óleo de Neem 0,5% EC @ 5 ml. Seguiram-se os tratamentos T1- Chlorantraniliprole 18.5 SC @ 0.25 ml (0.56 %) e T3- Spinetoram 11.7 SC @ 0.9 ml (1.12 %) e a mortalidade máxima das abelhas sem ferrão foi registada no tratamento T7- Imidacloprid 17.8 SL @ 0.3 ml (38.2 %).

Mortalidade corrigida das abelhas sem ferrão em 10th dia da pulverização:

A mortalidade das abelhas sem ferrão não foi registada no tratamento T1- Chlorantraniliprole 18.5 SC @ 0.25 ml, T3- Spinetoram 11.7 SC @ 0.9 ml, T4- Spinosad 45 SC @ 0.3 ml e T5- Neem oil 0.5% EC @ 5 ml. Seguiram-se os tratamentos T2- Benzoato de emamectina 5 SG @ 0,4 g (0,56%) e T6- Lambda cyhalothrin 5 EC @ 0,6 ml (2,81%). No T7- Imidaclopride 17,8 SL @ 0,3 ml foi registada a mortalidade máxima (5,64 %).

As observações gerais indicaram que o tratamento T5- Óleo de Neem 0,5% EC @ 5 ml registou a menor mortalidade de abelhas sem ferrão. Seguiram-se os tratamentos T1- Chlorantraniliprole 18,5 SC @ 0,25 ml, T3- Spinetoram 11,7 SC @ 0,9 ml. No entanto, a mortalidade máxima das abelhas sem ferrão foi observada no tratamento T7- Imidaclopride 17,8 SL @ 0,3 ml.

Os presentes resultados corroboram os de Naumann e Isman (1996) e Riedl *et al.* (2006), que descreveram que pesticidas botânicos como o óleo de nim são seguros para as abelhas. Além disso, Efrom *et al.* (2012) encontraram um aumento significativo na mortalidade de operárias adultas de *A. mellifera* com o aumento do tempo de exposição das abelhas a diferentes concentrações de óleo de nim. Da mesma forma, Xavier *et al.* (2015) relataram que o óleo de nim mostrou uma toxicidade aguda para abelhas adultas e larvas de operárias.

Os resultados do presente estudo estão parcialmente em conformidade com os de Boli (2013), que relatou que a mortalidade de abelhas sem ferrão observada no tratamento com clorantraniliprole 18,5 SC @ 30 g a.i. ha^{-1} foi de 32,2% seis horas após o tratamento em condições laboratoriais e foi segura. Os resultados do estudo estão de acordo com as conclusões de vários outros investigadores. A segurança do clorantraniliprole para as abelhas melíferas observada no presente estudo confirma o relatório de Dinter *et al.* (2009), que relataram a sua segurança para *A. mellifera* e para os abelhões *B. terrestris* a 0,005 microgramas/abelha através da toxicidade de contacto.

Os resultados do presente estudo estão de acordo com Rabia *et al.* (2005) e Pastagia e Patel (2007), que registaram a maior mortalidade de abelhas indianas (*Apis cerana indica*) quando expostas ao imidaclopride. No presente estudo, verificou-se que a mortalidade causada pelo imidaclopride e pelo espinosade era superior à da lambda-cialotrina às 24 horas, tanto para *A. cerana indica* como para *T. iridipennis*. Estes resultados são corroborados por Bailey *et al.* (2005) e Deepika *et al.* (2022), segundo os quais a ordem de toxicidade dos insecticidas para *Apis mellifera* por ensaio de contacto direto foi clotianidina > carbofurão > imidaclopride > spinosade > lambda-cialotrina > Bt.

Da mesma forma, Melathopoulos *et al.* (2000) não observaram efeitos negativos do neem nas abelhas adultas, mas observaram que este inseticida reduziu a quantidade de larvas nas colónias e, em doses subletais, ocorreram diferentes malformações quando as abelhas emergiram dos casulos.

As observações sobre a toxicidade do spinosad para as abelhas observadas no presente estudo corroboram as de Cleveland *et al.* (2002), que mostraram que o spinosad era agudamente tóxico para as abelhas em condições laboratoriais. O presente estudo está de acordo com Gradish *et al.*

(2012) relataram que o espinosade e o espinetorame foram considerados perigosos para *Megachile rotundata* em contacto com adultos, causando alterações também nos estádios imaturos desta espécie.

A mortalidade das abelhas sem ferrão também foi observada no tratamento de controlo. Pode dever-se ao manuseamento incorreto das abelhas sem ferrão durante a transferência para o frasco ou ao ambiente desfavorável em condições laboratoriais.

4.6. Impacto dos insecticidas nas abelhas sem ferrão em condições de campo

A média geral da primeira pulverização, da segunda pulverização e dos dados agrupados das abelhas sem ferrão, *A. cerana indica* e *A. florea*, em condições de campo, é apresentada no quadro 4.12.

Os dados sobre a média combinada de duas pulverizações de abelhas sem ferrão indicaram que o tratamento T_8- Controlo não tratado registou as visitas de abelhas mais elevadas (2,76 abelhas/planta/ 5min) e foi encontrado a par com o tratamento T_5- Óleo de Neem 0,5% EC @ 5 ml (2,47 abelhas/planta/ 5min).

Os dados sobre a média combinada de duas pulverizações de visitas de *Apis cerana indica* revelaram que o tratamento T_8- Controlo não tratado registou o máximo de visitas de abelhas (0,80 abelhas/planta/ 5min) e foi encontrado a par com os tratamentos *viz.* T_1- Clorantraniliprole 18.5 SC @ 0.25 ml (0.64 abelhas/planta/ 5min), T_5- Óleo de Neem 0.5% EC @ 5 ml (0.59 abelhas/planta/ 5min) e T_3- Spinetoram 11.7 SC @ 0.9 ml (0.55 abelhas/planta/ 5min).

Os dados agrupados sobre a média de duas pulverizações na visitação de *Apis florea* revelaram que o máximo de visitas de abelhas (0,94 abelhas/planta/ 5min) foi encontrado no tratamento T_8- Controle não tratado e foi igual aos tratamentos, T_1- Chlorantraniliprole 18.5 SC @ 0.25 ml (0.76 abelhas/planta/ 5min), T_5- Óleo de Neem 0.5% EC @ 5 ml (0.75 abelhas/planta/ 5min) e T_3- Spinetoram 11.7 SC @ 0.9 ml (0.65 abelhas/planta/ 5min).

A presente constatação de que o óleo de neem foi o menos repelente para as abelhas está em conformidade com as constatações dos trabalhadores anteriores Umrao *et al.* (2012) e Kumar *et al.* (2012).

O presente estudo está de acordo com os estudos de campo anteriores Dinter *et* al. (2009) revelaram que o clorantraniliprole era um inseticida seguro para os insectos polinizadores. Os resultados estão em estreita conformidade com os de Gokulakrishnan *et al.* (2021), que referiram que a parcela tratada com clorantraniliprole era algo repelente para as abelhas *Apis cerana indica*, com 0,7 abelhas/planta.

Os presentes resultados relativos ao imidaclopride estão em corroboração com os de Sharma e Abrol (2014), que observaram uma redução do número de visitas de abelhas melíferas após a pulverização da cultura de tória (*Brassica campestris*) com imidaclopride. Do mesmo modo, Pashte e Patil (2016) referiram que a redução da atividade das abelhas foi observada durante quatro dias após a aplicação de imidaclopride. Em contraste com os presentes resultados, Singh e Singh (2004) relataram que a pulverização de imidaclopride 200% SL não reduziu a população de *A. mellifera.*

As presentes conclusões sobre o spinosad estão em conformidade com as de Scott *et al.* (2009), que referiram que as aplicações foliares de spinosad afectavam o forrageamento das abelhas.

As visitas das abelhas nas parcelas tratadas com inseticida foram reduzidas, talvez devido ao odor dos insecticidas. É possível que seja devido à disponibilidade de recursos polínicos abundantes (outras parcelas de quiabos, melancias, etc.) perto da parcela experimental.

As abelhas sem ferrão aumentam a eficácia da polinização, aumentando a concentração da hormona auxina que acelera o desenvolvimento dos frutos (Wietzke *et al.* 2018). A polinização das abelhas sem ferrão aumenta a frutificação, como o comprimento, a largura, o peso das vagens e o número de sementes por vagem. Este estudo apoiou um estudo anterior sobre a polinização do quiabo usando algumas espécies de insetos (Azoo *et al.* 2011; Woodcock *et al.* 2014; Perera e Karunaratne, 2019). A visitação da entomofauna nas flores de quiabo aumentou a frutificação em 1,4-3% e 5,5-6,1% em comparação com a autopolinização (Azoo *et al.*, 2011). A abelha *Apis mellifera,* que polinizou predominantemente o quiabeiro, aumentou 0,03% do rendimento e 1,26% do número de sementes (Angbanyere e Baidoo, 2014). Da mesma forma, a polinização usando duas espécies de abelhas sem ferrão, *T. iridipennis* e *Lithurgus attratus* no Sri Lanka também aumentou cerca de 50% do número de sementes e germinação de sementes, 17% do diâmetro da vagem e 4% do comprimento da vagem (Perera e Karunaratne, 2019). Os resultados corroboram com os de Tej *et al.* (2017), que também relataram que as abelhas sem ferrão são essenciais para a polinização de culturas de pepino em estufa. Além disso, observou-se que a melhoria dos parâmetros qualitativos e quantitativos de rendimento da cultura do pepino tinha aumentado o rendimento e o valor de venda da cultura. Os presentes resultados estão em conformidade com os de Shaikh *et al.* (2023), que observaram uma visitação máxima de abelhas sem ferrão às flores de rabanete e registaram uma percentagem elevada de formação de vagens e de produção de sementes.

Stingless bee

Abelha sem ferrão

Apis cerena indica

Apis cerena indica

Apis florea

Apis florea

Foto No. 7: Abelhas visitando a flor de quiabo

CAPÍTULO V

RESUMO E CONCLUSÕES

A meliponicultura é o cultivo e a gestão das abelhas sem ferrão ou a apicultura com abelhas sem ferrão é chamada de meliponicultura. Devido à menor produção de mel (cerca de 200 a 500 g por estação), é menos popular e concentra-se apenas numa determinada região. A meliponicultura está gradualmente a ganhar popularidade, mas a indisponibilidade de colónias para as pessoas interessadas é o maior constrangimento para a meliponicultura. É muito difícil capturar as colónias dos seus ninhos naturais. Se se tentar capturá-las, as infra-estruturas ou o habitat podem deteriorar-se. As abelhas sem ferrão desempenham um papel importante na polinização do quiabo e aumentam o rendimento a um certo nível. A cultura do quiabo é submetida a um grande número de pulverizações de pesticidas contra diferentes pragas e as abelhas sem ferrão são expostas direta ou indiretamente a essas pulverizações. Por conseguinte, a população de abelhas está a diminuir de dia para dia. A utilização indiscriminada de pulverizações pesticidas provoca a mortalidade das abelhas sem ferrão. É necessário efetuar um estudo da toxicidade dos pesticidas nas abelhas sem ferrão em condições laboratoriais. Tendo isto em conta, a experiência intitulada "Captura de colónias e toxicidade de insecticidas em abelhas sem ferrão" foi realizada perto da Faculdade de Agricultura e da Oficina da Faculdade de Engenharia Agrícola, Dr. Balasaheb Sawant Konkan Krishi Vidyapeeth, Dapoli e Estação Experimental Central em Wakawali durante 20222023.

Foi efectuado um estudo sobre a captura de abelhas sem ferrão dos seus ninhos naturais. Foi efectuada uma experiência em blocos aleatórios com oito tratamentos e três repetições, incluindo os seguintes tratamentos: T1- Colmeia/armadilha de madeira a 20x13x10 cm^3, T2- Colmeia/armadilha de madeira a 25x15x10 cm^3, T3- Colmeia/armadilha de madeira @ 30x10x10 cm^3 com telhado, T4- Colmeia/armadilha de tubo de PVC @ duas câmaras 20x12 cm^2 e 18x10 cm^2, T5- Colmeia/armadilha de tubo de PVC @ 30x12 cm^2, T6- Colmeia/armadilha de bambu @ 1 pé de comprimento, T7- Pote de barro @ 2 litros de capacidade e T8- Bola flutuante @ 1 litro de capacidade.

A toxicidade dos insecticidas para as abelhas sem ferrão em condições laboratoriais foi concebida num esquema completamente aleatório. Consiste em oito tratamentos e três repetições que incluem tratamentos *viz*, T 1- Clorantraniliprole 18.5 SC @ 0.25 ml, T 2- Benzoato de emamectina 5 SG @ 0.4 g, T 3- Espinetorame 11.7 SC @ 0.9 ml, T 4- Espinosade 45 SC @ 0.3 ml, T 5- Óleo de Neem 0.5% EC @ 5 ml, T 6- Lambda cyhalothrin 5 EC @ 0.6 ml, T 7- Imidaclopride 17.8 SL @ 0.3 ml e T 8- Controlo sem tratamento.

O estudo do impacto dos insecticidas nas abelhas sem ferrão, em condições de campo, foi realizado num esquema de blocos aleatórios com oito tratamentos e três repetições. Os tratamentos, T 1- Clorantraniliprole 18,5 SC @ 0,25 ml, T 2- Benzoato de emamectina 5 SG @ 0,4 g, T 3- Espinetoram 11,7 SC @ 0,9 ml, T 4- Espinosade 45 SC @ 0,3 ml, T 5- Óleo de neem 0.5% EC @ 5 ml, T 6- Lambda cyhalothrin 5 EC @ 0.6 ml, T 7- Imidacloprid 17.8 SL @ 0.3 ml, T 8- Controlo sem tratamento foram avaliados contra diferentes abelhas melíferas no quiabeiro.

Os estudos e as observações para a captura das abelhas sem ferrão dos ninhos naturais foram efectuados sobre a colónia de abelhas, a rainha ou a célula da rainha presente ou ausente, o número de células de criação, os potes de mel e os potes de pólen. A contagem da mortalidade das abelhas sem ferrão tratadas foi efectuada às 2, 4 e 6 horas. As observações foram efectuadas nos dias 1st, 3rd, 7th e 10th para estudar a toxicidade dos insecticidas nas abelhas sem ferrão em condições laboratoriais. Os estudos e as observações da experiência de campo sobre o impacto dos insecticidas nas abelhas sem ferrão foram efectuados um dia antes da pulverização, tendo sido registados os dados relativos às abelhas visitantes por cada cinco minutos nas flores de quiabo por planta e as observações pós-tratamento foram efectuadas a 1st, 3rd, 5th, 7th, 10th e 14th dias após a pulverização.

O tratamento T4- Colmeia/armadilha de tubo de PVC @ duas câmaras 20x12 cm^2 e 18x10 cm^2 registou o número máximo de rainhas capturadas (1,0 n.º), potes de pólen (68,1 n.º), alvéolos (61,1 n.º) e células de criação (752,5 n.º). Concluiu-se que o tratamento T4 - colmeia/armadilha de tubo de PVC com duas câmaras de 20x12 cm^2 e 18x10 cm^2 foi considerado eficiente para capturar abelhas sem ferrão dos seus ninhos naturais.

O tratamento T5- Óleo de Neem 0,5% EC @ 5 ml registou uma mortalidade nula das abelhas sem ferrão em condições laboratoriais, seguido do tratamento T1- Clorantraniliprole 18,5 SC @ 0,25 ml (0,56%) no sétimo dia de pulverização. Os dados revelaram que o tempo ou a duração segura dos insecticidas a partir dos quais a mortalidade das abelhas sem ferrão pode ser reduzida e sugerem que o risco químico para as abelhas sem ferrão pode ser minimizado pela escolha de pesticidas com menor mortalidade para as abelhas na gestão das pragas das culturas.

Em condições de campo, o máximo de visitas de abelhas sem ferrão/planta/ 5 min foi registado no tratamento T5- Óleo de Neem 0,5% EC @ 5 ml (2,47 abelhas/ 5min) seguido pelo tratamento T1- Clorantraniliprole 18,5 SC @ 0,25 ml (2,45 abelhas/ 5min). Visitas máximas de *Apis cerana indica* e *Apis florea* foram observadas no tratamento T1- Clorantraniliprole 18.5 SC @ 0.25 ml (0.64 abelhas/planta/ 5min e 0.76 abelhas/planta/ 5min) seguido pelo tratamento T5- Óleo de Neem 0.5% EC @ 5 ml (0.59 abelhas/planta/ 5min e 0.75 abelhas/planta/ 5min) no campo de quiabo. A redução da atividade das abelhas foi observada após a pulverização dos restantes tratamentos. Conclui-se que as abelhas sem ferrão foram polinizadores frequentes no campo de quiabeiro em comparação com *Apis cerana indica* e *Apis florea* e não se observou qualquer população de *Apis mellifera* e *Apis dorsata* durante o período experimental. Este estudo fornece informações essenciais sobre a atividade das abelhas observada após a pulverização de diferentes insecticidas. A polinização por abelhas sem ferrão pode aumentar a elevada percentagem de produção de frutos.

O objetivo desta investigação foi avaliar a melhor técnica de captura de abelhas sem ferrão dos seus ninhos naturais, o que será útil para chamar a atenção para a meliponicultura. Este estudo também se destinava a sensibilizar os agricultores para o valor das abelhas sem ferrão como polinizadores no ecossistema e para a toxicidade de diferentes insecticidas sobre elas em condições laboratoriais e de campo.

LITERATURA CITADA

Adewumi A A e Ogunjinmi A A (2011) O potencial de cura da loção de mel e própolis em feridas sépticas. Asian Pacific Journal of Tropical Biomedicine (1): 55-57.

AICRP (2011) Relatório Anual do AICRP sobre Abelhas e Polinizadores, Centro Vellayani p 92.

AICRP (2013-15) Relatório bienal 2011-2013 do AICRP sobre abelhas melíferas e polinizadores Centro Vellayani da Universidade Agrícola de Kerala p 34.

Ali Imran (2016) Desenvolvimento de ninhos armadilha e colmeia para abelha sem ferrão, *Tetragonula iridipennis* (Smith). Tese de Mestrado em Ag. Tese, Universidade de Ciências Agrícolas e Hortícolas, Shivamogga.

Ambolet B, Cravat J F, Schmch H W e Bayer S A (1997) Estudo dos possíveis efeitos não visados do tratamento de sementes de girassol com imidaclopride sobre o comportamento das abelhas nas flores. Proc. da Quarta Conferência Internacional sobre Pragas na Agricultura, realizada em Montpellier, França, de 6 a 8 de janeiro. 1:103-110.

Amala U, Arakalagud N S e Timalapur M S (2021) Coconut shell traps: easyiest and economic way to attract stingless bees (*Tetragonula iridipennis*) Smith. Sociobiology 68(4): 7220.

Angbanyere M A e Baidoo P K (2014) O efeito dos polinizadores e da polinização na frutificação e na produção de frutos de quiabo (*Abelmoschus esculentus* (L.) Moench) na região florestal do Gana. Am. J. Exp. Agri. 4(9): 985-995.

Azoo M E, Fohouo F N T e Messi J (2011) Influência da atividade forrageira da entomofauna no rendimento das sementes de quiabo (*Abelmoschus esculentus*). Int. J. Agri. Biol. 13(5): 761765.

Bailey J, Scott D, Harris R, Tolman J e Harris B (2005) Toxicidade de contacto e oral para as abelhas melíferas (*Apis mellifera* L.) de agentes registados para utilização no controlo de insectos do milho doce em Ontário, Canadá. Apidologie 36: 623-633.

Bajiya M R e Abrol D P (2019) Efeito dos insecticidas no comportamento de forrageamento da abelha (*Apis mellifera* L.) na mostarda (*Brassica napus*). Journal of Entomology and Zoology Studies 8(1):1226-1230.

Barbosa F M, Alves R M D O, Souza B D A e Carvalho C A L D (2013) Arquitetura de ninhos da abelha sem ferrão, *Geotrigona subterranea* (Friese, 1901) (Hymenoptera: Apidae: Meliponini). Biota Neotropica 13(1): 147-152.

Benchasri S (2012) Okra (*Abelmoschus esculentus* (L.) Moench) as a valuable vegetable of the world. Ratarstvo i povrtarstvo 49(1): 105-112.

Boli R (2013) Segurança dos insecticidas de nova geração para os polinizadores de abelhas. Dissertação de Mestrado (Ag). Tese. Faculdade de Agricultura, Vellayani, Thiruvananthapuram.

Bruijin L (1996) Nourishment and evolution in insect societies (Alimentação e evolução nas sociedades de insectos). Ani. Ecol. 81:204-208.

Chensberg L (2012) Replicação *in situ* da desordem do colapso das colónias de abelhas melíferas, Bull. Insect 65(1): 99-106.

Cleveland C B, Mayes M A e Cryer S A (2002) An ecological risk assessment for spinosad use on cotton. Pest. Mgmt. Sci. 58:70-84.

Crane E (1985) Honey bees. J Apic. Res. 36:403-415.

Crane E (1990) Bees and beekeeping Science practice and world resources. Bee World 71:23-

41.
Crane E (1992) The past and present status of beekeeping with stingless bees. Bee world 73(1): 29- 42.
Danaraddi C S, Viraktamath S, Basavanagoud K e Bhat A R S (2009) Nesting habits and nest structure of stingless bee, *Trigona iridipennis* Smith at Dharwad, Karnataka. Karnataka Journal of Agricultural Sciences 22:310- 313.
Deepika N, Suresh K, Usharani B, Rajamanickam C e Shanthi M (2022) Toxicidade dos insecticidas na abelha melífera indiana, *Apis cerana indica* F. e na abelha sem ferrão, *Tetragonula iridipennis* S., no caju. Indian Journal of Entomology 84(4): 885-888.
Devanesan S, Premila K S e Verghese A (2022) Commercial meliponiculture- beekeeping with stingless bee, *Tetragonula iridipennis* Smith (Hymenoptera: Apidae: Meliponini). Insect Environment Vol. 25 (2): 246-260.
Dinter A, Brugger K, Bassi A, Frost N M e Woodward M (2008) Pesticides and Beneficial Organisms. Proc. da Reunião do Grupo de Proteção das Abelhas do ICP, Alemanha. Elisa Vinuela & Pilar Medina. IOBC/wprs Bull. 35: 128-135.
Dinter A, Brugger K e Woodward M (2009) Chlorantraniliprole com baixa toxicidade e baixo risco para as abelhas melíferas e os zangões. Hazard of pesticide to bees-10th International Symposium. do ICP-Bee Protection Group na Dinamarca. Julius-Kuhn-Archiv. 27(8): 84-93.
Dollin A (1997) Criação de abelhas australianas sem ferrão num tronco ou numa caixa. Boletim Técnico No.3. Australian Native Bee Research Centre, North Richmond, Austrália p 14.
Dollin A (2001) *Australian stingless* bees (Abelhas *australianas sem ferrão)*. Boletim técnico n.º 9. Australian Native Bee Research Centre North Richmond, Austrália p 14.
Efrom C F S, Redaelli L R, Meirelles R N e Ourique C B (2012) Efeitos colaterais de agrotóxicos utilizados no sistema orgânico de produção sobre *Apis mellifera* Linnaeus, 1758. Braz. Arq. Biol. Technol. 55: 47-53.
Girolami V, Mazzon L, Squartini A, Mori N, Marzaro M, Di Bernardo A, Greatti M, Giorio C e Tapparo A (2009) Translocação de insecticidas neonicotinóides de sementes revestidas para gotas de gutação de plântulas: uma nova forma de intoxicação para as abelhas. J. Econ. Entomol. 102: 1808-1815.
Gokulakrishnan M, C Gailce Leo Justin e S Sheeba Joyce Roseleen (2021) Avaliação da toxicidade pesticida para a abelha indiana *Apis cerana indica* F. (Hymenoptera: Apidae) através de estudos laboratoriais, de confinamento e de campo. Pharm. Innov. J. 10(10): 1807-1814.
Gradish A E, Scott-Dupree C D e Cutler G C (2012) Suscetibilidade de *Megachile rotundata* a insecticidas utilizados na produção de mirtilos silvestres no Canadá Atlântico. J. Pest. Sci. 85:133-140.
Gulati R, Sharma S K e Chillar B S (2005) Foraging behaviour and efficiency of Asian bees in cotton. Indian Honey bee Sci. 26 (1): 25-28.
Heard T A (1988) Propagação de colmeias de *Trigona carbonaria* Smith (Hymenoptera: Apidae). J. Aust. Ento. Soc. 27: 303-304.
Heard T A (1999) The role of stingless bees in crop pollination (O papel das abelhas sem ferrão na polinização das culturas). Ann. Rev. of Entomol. 44: 183206.
Heard T A e Dollin A E (2000) Stingless bee keeping in Australia: snapshot of an infant industry. Bee World 81(3): 116-125.
Iwasa T, Motoyama N, Ambrose J T e Roe R M (2004) Mechanism for the differential

toxicity of neonicotinoid insecticide in the honey bees, *Apis mellifera*. Crop Prot. 23(5): 371-378.

Johnson R M, Ellis M D, Mullin C A e Frazier M (2010) Pesticides and honey bee toxicity - USA. Apidologie 41:312-331.

Kartika M D, Tri Atmowidi e Windra P (2022) A atividade forrageira e os serviços de polinização de três espécies de abelhas sem ferrão para melhorar a qualidade e a quantidade de frutos de quiabo (*Abelmoschus esculentus* L.) Ata Univ. Agric. Silvic. Mendelianae Brun. 70(3): 215- 226.

Kasote D (2017) Propolis: A Neglected Product of Value in the Indian Beekeeping Sector. Bee World 94(3): 80-83.

Kearns C A e Inouye D W (1997) Techniques for pollination biologists. University Press of Colorado, Colorado.

Kiatoko N (2012) Distribuição, biologia comportamental, criação e eficiência de polinização de cinco espécies de abelhas sem ferrão (Apidae: Meliponinae) na floresta de Kakamega, Quénia. Tese, Universidade Kenyatta, Quénia, p 840.

Kumar M S, Singh A J A e Alagumuthu G (2012) Apicultura tradicional de abelhas sem ferrão (*Trigona* spp.) pelas tribos Kani de Western Ghats, Tamil Nadu, Índia. Ind. J. Trad. Knowl. 11(2): 342-345.

Lambin M, Armengaud C, Raymond S e Gauthier M (2001) Facilitação induzida pelo imidaclopride do reflexo de habituação da extensão da probóscide na abelha melífera. Arch. Insect Biochem. and Physiol. 48 (3): 129-134.

Liu Y, Qi J, Luo J, Qin W, Luo Q, Zhang Q, Wu D, Lin D, Li S, Dong H, Chen D e Chen H (2021) Quiabo no campo alimentar: valor nutricional, benefícios para a saúde e efeitos do processamentoMétodos de qualidade. Food Reviews International 37(1): 67-90.

Mathirajan V G (2002) Contact toxicity of spinosad 45 SC to honey bees (*Apis florea* Fab.). Pest Mgmt. and Econ. Zool. 10(1): 93-95.

Maus C, Cure G R C e Bortolotti L (2003) Safety of imidacloprid seed dressing to honey bees - a comprehensive overview and compilation of the current state of knowledge. Bull. Insect 56(1): 51-57.

Mayer D F, Kovacs G, Brett B L e Bisabri B L (2001) The effects of spinosad insecticide to adults of *Apis mellifera*, *Megachila rotundata* and *Nomia melanderi* (Hymenoptera: Apidae). J. Apic. Res. 37 (1): 33-37.

Mayes M A, Thompson G D, Husband B e Miles M M (2003) Spinosad toxicity to pollinators and associated risk. Rev. Env. Contam. and Toxicol. 179: 37-71.

Melathopoulos A P, M L Winston R, Whittington H, Higo e M Le Doux (2000) Field evaluation of neem and canola oil for the selective control of the honey bee (Hymenoptera: Apidae) mite parasites *Varroa jacobsoni* (Acari: Varroidae) and *Acarapis woodi* (Acari: Tarsonemidae). J. Econ. Entomol. 93: 559-567.

Michael L e Alejandra A (2012) Novas caixas para abelhas sem ferrão e quadros rasos. http://costaricaapiaries.com/blog/?p=73

Michener C D (1974) The social behaviour of the bees. Um estudo comparativo. Harvard University Press, Cambridge p 404.

Miles J (2003) Effect of spinosad to control insect pests and impact on honey bees. Bull. Insect 56(1): 119-124.

Miles J e Anne A (2011) Effects of spinosad on honey bees (*Apis mellifera* L.): findings from ten years of testing and commercial use. 11th Simpósio Internacional do ICP-BR Bee Prot.

Group, Países Baixos 56:119-124.
Mounika C, Saravanan P A, Srinivasan M R e Rajendran L (2019) Propagação de colónias em abelhas sem ferrão, *Tetragonula iridipennis* (Smith). J. Entomol. Zool. Stud. 7(3): 754-757.
Mullin C A, Frazier M, Frazier J L, Ashcraft S, Simonds R, VanEngelsdorp D e Pettis J S (2010) High levels of miticides and agrochemicals in North American apiaries: implications for honey bee health. PLoS One 5: 9754.
Mythri P G (2018) Estudos sobre o desenvolvimento sazonal e a multiplicação de colónias de abelhas sem ferrão, *Tetragonula iridipennis* (Smith). Dissertação de Mestrado (Ag.). Universidade de Ciências Agrárias e Hortícolas. Shivmogga.
Naumann K e Isman M B (1996) Toxicidade dos extractos de sementes de nim (*Azadirachta indica*) para as larvas de abelhas e estimativa dos perigos das aplicações no terreno. Am. Bee J. 136: 518-520.
Nayak P P, Reddy S M e Jayaprakash (2012) Preferências de padrão de nidificação da abelha sem ferrão, *Trigona iridipennis* Smith (Hymenoptera: Apidae) no Campus de Jnanabharathi, Karnataka, Índia. Int. Res. J. Biological Sci. 2(2): 44-50.
Oliveira Ricardo, Cristiano Menezes, Ademilson Soares e Vera Fonseca (2012) Armadilhas para abelhas sem ferrão (Hymenoptera, Meliponini). Apidologie, Springer Verlag. 44 (1): 2937.
Palial S e Mahalle R M e Dhole R (2019) Colmeia de abelhas sem ferrão. Pop. Kheti. 7(3): 71-74.
Pallavi K (2016) Influência do desenho da colmeia no desempenho sazonal da abelha sem ferrão, *Tetragonula iridipennis* (Smith). Tese de Mestrado em Ciências Agrícolas da Universidade de Ciências Agrícolas de Bangaluru, p. 88.
Pashte V V e Patil C S (2016) Impacto de diferentes insecticidas na atividade das abelhas no girassol. Res. on Crops 18(1): 153-156.
Pashte V V e Patil C S (2017) Toxicidade e sintomas de envenenamento de insecticidas seleccionados para abelhas melíferas (*Apis mellifera mellifera* L.). Arch Biol Sci. 70(1):5-12.
Pastagia J e Patel M B (2007) Relative toxicity of some insecticides to *Apis cerana indica* F. J. Plant. Envi. 4(2): 89-92.
Percy A P (1989) Division of *Trigona iridipennis* (Smith) colony. Indian Bee J. 51: 149.
Perera S e Karunaratne I (2019) As visitas florais da abelha selvagem, *Lithurgus atratus*, têm impacto no rendimento e na germinabilidade das sementes de quiabo, *Abelmoschus esculentus,* no Sri Lanka. Journal of Pollination Ecology 25(1): 1-6.
Pettis J S, VanEngelsdorp D, Johnson J e Dively G (2012) A exposição a pesticidas em abelhas melíferas resulta num aumento dos níveis do agente patogénico intestinal Nosema. Naturwissenschaften 99:153-158.
Piovesan B, Aline C P, Maira C M, Marco B, Anderson D G e Moises J Z (2020) Efeitos de inseticidas utilizados em morangos sobre as abelhas sem ferrão *Melipona quadrifasciata* e *Tetragonisca fiebrigi* (Hymenoptera: Apidae). Environmental Science and Pollution Research 27:42472- 42480.
Punith H V (2014) Conceção de colmeias adequadas para a criação e multiplicação de abelhas sem ferrão, *Tetragonula iridipennis* (Smith). Tese, Universidade de Ciências Agrícolas GKVK, Bangalore p 160.
Quezada-Euan J J G e Gonzalez-Acereto J (1994) Estudo preliminar sobre o desenvolvimento de colónias de *Melipona beecheii* em colmeias tradicionais e racionais. J. Apic. Res. 33(3): 167170.

Raakhee M (2000) Bioecology and management of stingless bees (Apidae, Meliponinae). Tese de Mestrado (Ag.), Universidade Agrícola de Kerala, Thrissur p 68.
Rabia K, Dethe M D e Sharma D (2005) Relative toxicity of some insecticides to *Apis cerana indica*. Indian Bee J. 67 (2): 52-56.
Rahman A D, Rajkumari P K, Saikia P e Sharmah D (2015) Abelhas sem ferrão (Hymenoptera: Apidae: Melliponini): diversidade e distrito na Índia. Int. J. Sci. Res. 4(1) 77-81.
Raina S K, Muli E, Nguku E, Kioko E e Macharia J K (2006) Developing incentives for community participation in forest conservation through the use of commercial insects in Kenya. In: Quarto Relatório de Início do Projeto Técnico do PNUD-GEF. ID do projeto: KEN/04/G35.
Ramli A S, Luqman A H, Basrawi F, Oumer A N, Abd Aziz A e Mustafa Z (2017) Uma nova técnica de arrefecimento para colmeias de abelhas sem ferrão. In: MATEC Web of Conferences. EDP Ciências, 131: 03013.
Riedl H, Johansen E, Brewer L e Barbour J (2006) How to reduce bee poisoning from pesticides. Uma publicação da Pacific Northwest Extension, Oregon State University, University of Idaho, Washington State University.
Roopa C A (2002) Bioecology of stingless bees, *Trigona iridipennis* (Smith) M.Sc (Ag.) Thesis, Univ. Agri. Sci Bangalore (Índia) Pp 132.
Roopa A N, Eswarappa G, Sanganna M S e Gavi G (2015) Estudo sobre as características de nidificação e a biologia da abelha sem ferrão (*Trigona iridipennis* Smith). J. Agric.Vet. Sci. 8(10). 34-36.
Rortais A, Amold G, Halm M P e Touffet B (2005) Modos de exposição das abelhas melíferas a insecticidas sistémicos, quantidades estimadas de pólen e néctar contaminados consumidos por diferentes categorias de abelhas. Apidologie 36:71-83.
Roubik D W (1995) Pollination of cultivated plants in the tropics. Organização das Nações Unidas para a Alimentação e a Agricultura, Roma, Itália. Bula. p 118.
Roubik D W, Heard T A e Kwapong P (2018) Colónias de abelhas sem ferrão e polinização. A polinização de plantas cultivadas: Um Compêndio para Profissionais 2: 39-64.
Sajan Jose K (2015) Uma investigação sobre sistemática, biologia e comportamento das abelhas sem ferrão de Kerala e técnicas melhoradas para a Meliponicultura. Tese de doutoramento, Universidade Mahatma Gandhi, Kottayam p 142.
Schmuck R (2004) Effects of chronic dietary exposure of honey bees *Apis mellifera* (Hymenoptera) to imidacloprid. Arch. Env. Contam. Toxicol. 47: 471-478.
Scott-Dupree C D, Conroy I L e Harris C R (2009) Impact of currently used or potentially useful insecticides for canola agroecosystems on *Bombus impatiens* (Hymenoptera: Apidae), *Megachile rotundata* (Hymenoptera: Megachilidae) and Osmia lignaria (Hymenoptera: Megachilidae). Journal of Economic Entomology 102(1): 177-182.
Shaikh A K (2022) Biologia da abelha sem ferrão e seu impacto na polinização do rabanete, *Raphanus sativus* (L.) M. Sc (Ag.). Tese, Faculdade de Agricultura, Dapoli. Ratnagiri. (M.S.).
Shaikh A K, Wankhede S M, Kale S N, Ainarkar A A e Mali S S (2023) Nesting structure and biology of stingless bee, *Tetragonula* nr. *pagdeni* in Konkan region of Maharashtra. The Pharma Innovation Journal 12(5): 1000-1003.
Sharma D e Abrol D P (2014) Effect of insecticides on foraging behaviour and pollination role of *Apis mellifera* L. (Hymenoptera: Apidae) on toria (*Brassica campestris* var. *toria*) crop Egyptian Journal of Biology 16: pp 79-86.

Singh R P e Singh R P (2004) Honeybee (*Apis mellifera*) foraging and management of aphid by spraying imidacloprid during flowering of *Brassica rapa*. Ann. Plant Protec. Sci. 12: 29-31.

Singh R P (2013) Domesticação de *Trigona iridipennis* Smith numa colmeia recentemente concebida. Nat. Acad. Sci. Lett. 36(4): 367-371.

Singh A K (2016) Traditional meliponiculture by Naga tribes in Nagaland, India (Meliponicultura tradicional das tribos Naga em Nagaland, Índia). Ind. J. Trad.Knowl. 15(4): 693-699.

Sommeijer M J (1999) Apicultura com abelhas sem ferrão: um novo tipo de colmeia. Bee World *80*(2): 7079.

Srinivasan M V (2011) Honeybees as a model for the study of visually guided flight, navigation, and biologically inspired robotics. Physiological reviews 91(2):413- 60.

Stanley J, Sah K, Jain S K, Bhatt J C e Sushil S N (2015) Avaliação da toxicidade dos pesticidas nas doses recomendadas no terreno para as abelhas *Apis cerana* e *A. mellifera* através de estudos laboratoriais, semi-campo e de campo. J. Chemosphere 2014. 07. 039.

Tej K M, Srinivasan M R, Rajashree V e Thakur R K (2017) Abelha sem ferrão, *Tetragonula iridipennis* (Smith) para polinização de pepino em estufa. J. Entomol. Zool. Stud. 5(4): 1729-1733.

Talebi K, Kavousi A e Sabahi Q (2008) Impacts of pesticides on arthropod biological control agents. Pest Technol. 2:87-97.

Thorat P V, Karnatak A K e Shukla A (2004) Toxicidade de insecticidas aplicados em *Brassica napus* L a *Apis mellifera* L. Indian Bee J. 66 (1-2): 30-32.

Umrao R S, Pal R K e Singh D K (2012) Estudos de alguns insecticidas e biopesticidas sobre o comportamento de forrageamento das abelhas melíferas na mostarda (*Brassica juncea* L.). Asian J. Biosci. 7: 21415.

Valdovinos G R, Jose J G, Patrica A X, Humberto M V e Angelica C, Esas R N (2009) Comparative toxicity of pesticides to stingless bees (Hymenoptera: Apidae: Meliponini) J. Econ. Entomol. 102(5): 1737-1742.

Veen J W e Sommeijer M J (2000) Colony reproduction in *Tetragonisca angustula* (Apidae, Meliponini). Insectes Soc. 47: 70-75.

Velthuis H H W e Van Doorn A (2006). Um século de avanços na domesticação de abelhões e os aspectos económicos e ambientais da sua comercialização para polinização. Apidologie (37): 421-451.

Virkar P S, Shrotriya S e Uniyal V P (2014) Building Walkways: Observação da duplicação de ninhos da abelha sem ferrão *Trigona iridipennis* Smith (1854). Ciência Ambiental ISSN-Vol. 1(1):38-40.

Wankhede S M, Shinde V V, Narangalkar A L e Haldankar P M (2022) Feasibility of different traps for trapping of stingless bee colony from its natural habitat. Pharm. Innov. J. SP- 11(10): 2073-2077.

Wietzke A, Westphal C, Gras P, Kraft M, Pfohl K, Karlovsky P, Pawelzik E, Tscharntke T e Smit I (2018) A polinização por insectos como fator-chave para a fisiologia do morango e a qualidade dos frutos comercializáveis. Agricultura, Ecossistemas e Ambiente 258: 197-204.

Wille A (1983) Biology of Stingless bees. Ann. Rev. Entomol. 28.

Woodcock T S, Larson B M H, Kevan P G, Inouye D W e Lunau K (2014) Flies and flowers II: Floral attractants and rewards. Journal of Pollination Ecology 12(8): 63-94.

Xavier V M, Dejair M, Marcelo C, Picanco, Mateus C, Paulo A, Santana J, Rodrigo S R e

Julio C M (2015) Toxicidade aguda e efeitos subletais de inseticidas botânicos para abelhas melíferas. J. Insect Sci. 15(1): 137.

MIX
Papier aus verantwortungsvollen Quellen
Paper from responsible sources
FSC® C105338

Printed by Books on Demand GmbH, Norderstedt / Germany